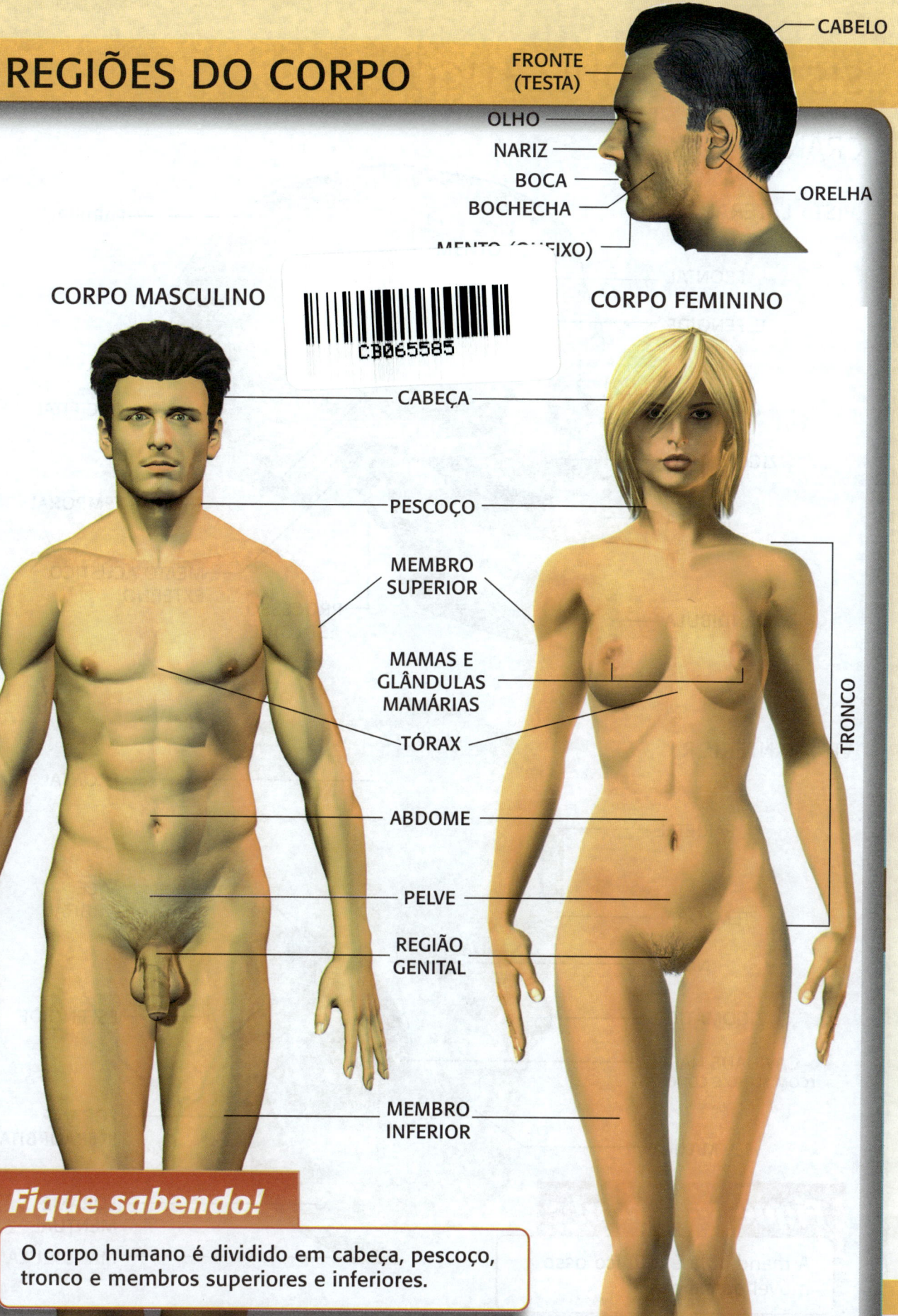

SISTEMA ESQUELÉTICO

CRÂNIO

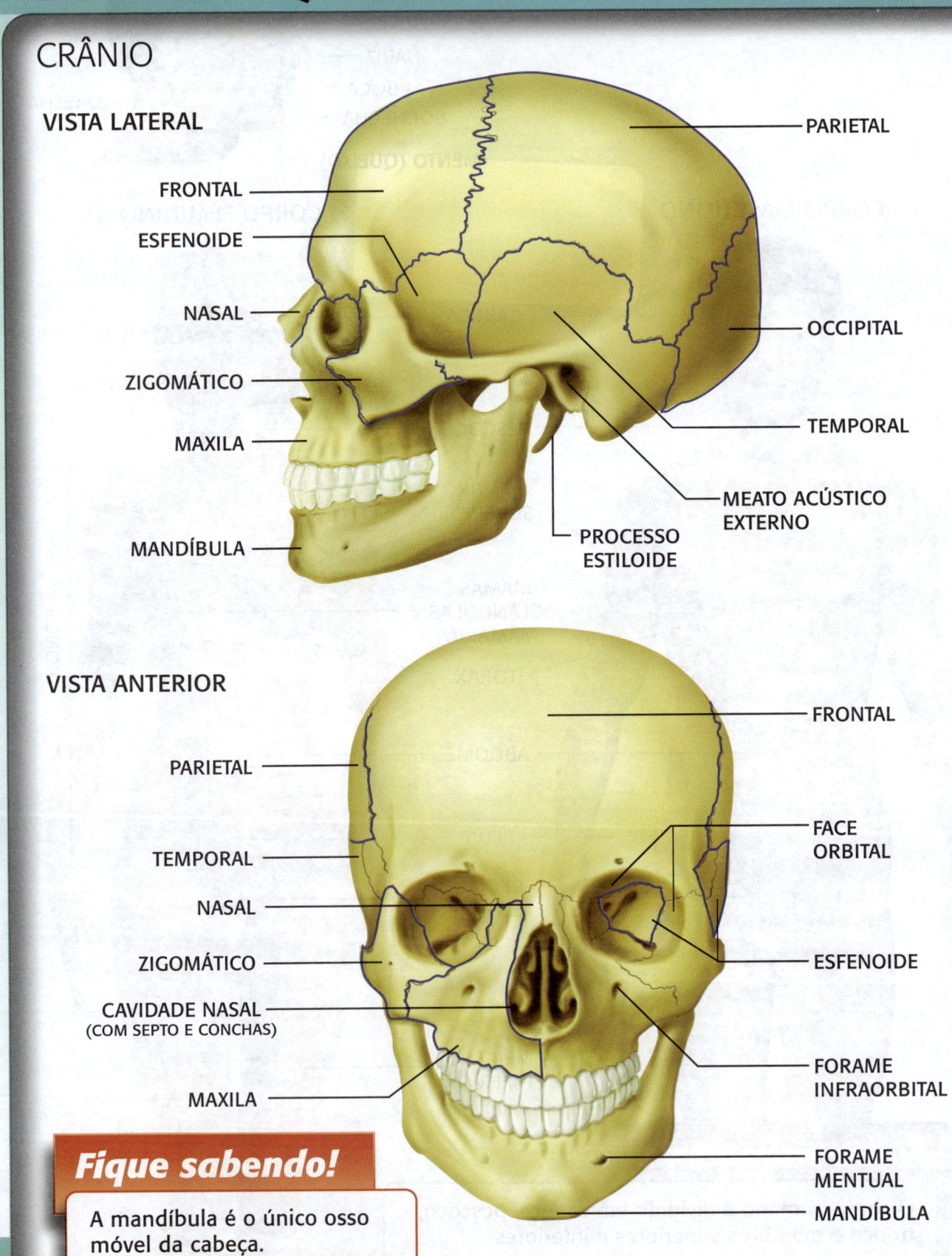

VISTA LATERAL
- FRONTAL
- ESFENOIDE
- NASAL
- ZIGOMÁTICO
- MAXILA
- MANDÍBULA
- PARIETAL
- OCCIPITAL
- TEMPORAL
- MEATO ACÚSTICO EXTERNO
- PROCESSO ESTILOIDE

VISTA ANTERIOR
- PARIETAL
- TEMPORAL
- NASAL
- ZIGOMÁTICO
- CAVIDADE NASAL (COM SEPTO E CONCHAS)
- MAXILA
- FRONTAL
- FACE ORBITAL
- ESFENOIDE
- FORAME INFRAORBITAL
- FORAME MENTUAL
- MANDÍBULA

Fique sabendo!
A mandíbula é o único osso móvel da cabeça.

SISTEMA ESQUELÉTICO
COLUNA VERTEBRAL

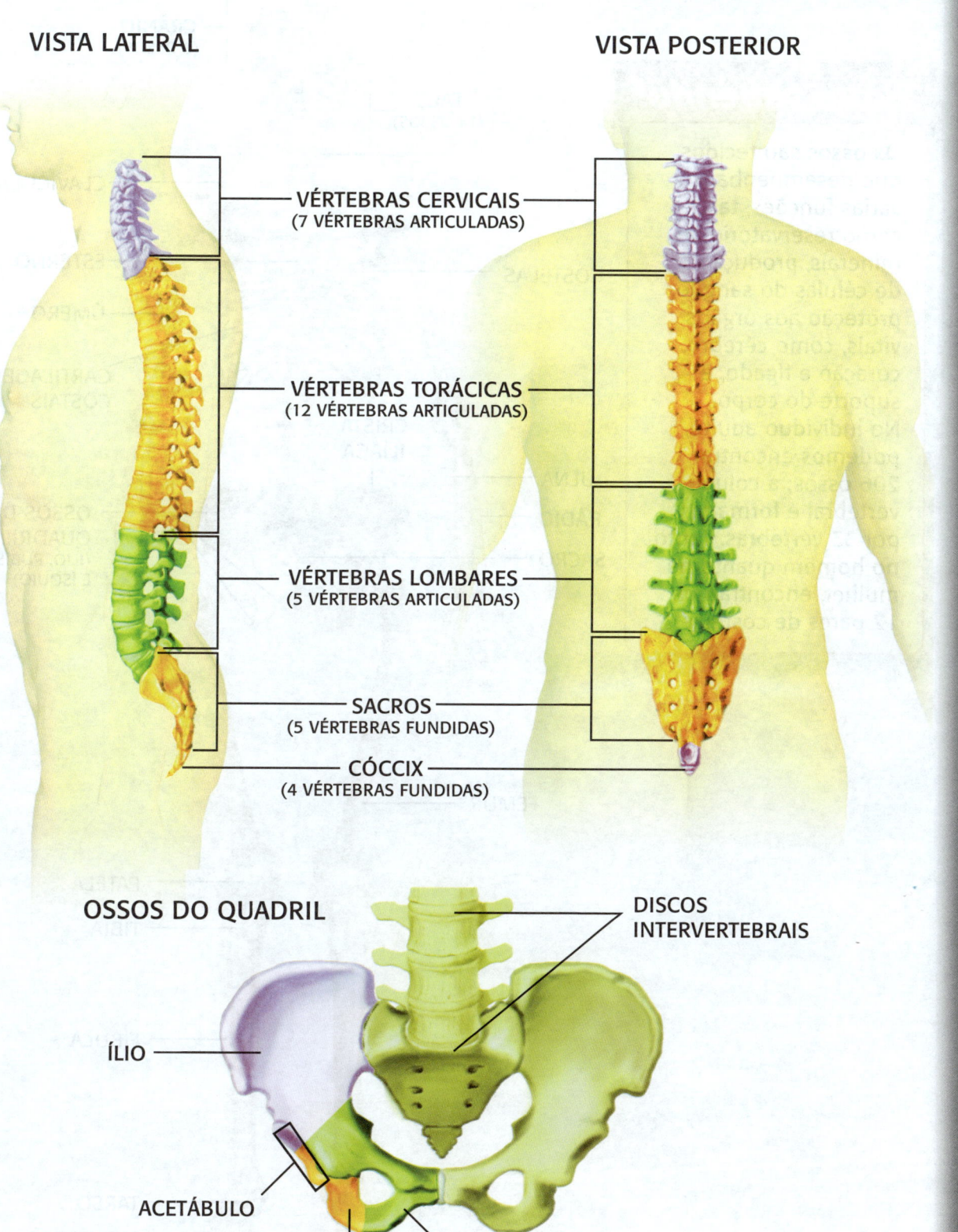

SISTEMA ESQUELÉTICO

VISTA ANTERIOR

Fique sabendo!

Os ossos são tecidos que desempenham várias funções, tais como reservatório de minerais, produção de células do sangue, proteção aos órgãos vitais, como cérebro, coração e fígado, e suporte do corpo. No indivíduo adulto, podemos encontrar 206 ossos; a coluna vertebral é formada por 33 vértebras. Tanto no homem quanto na mulher, encontramos 12 pares de costelas.

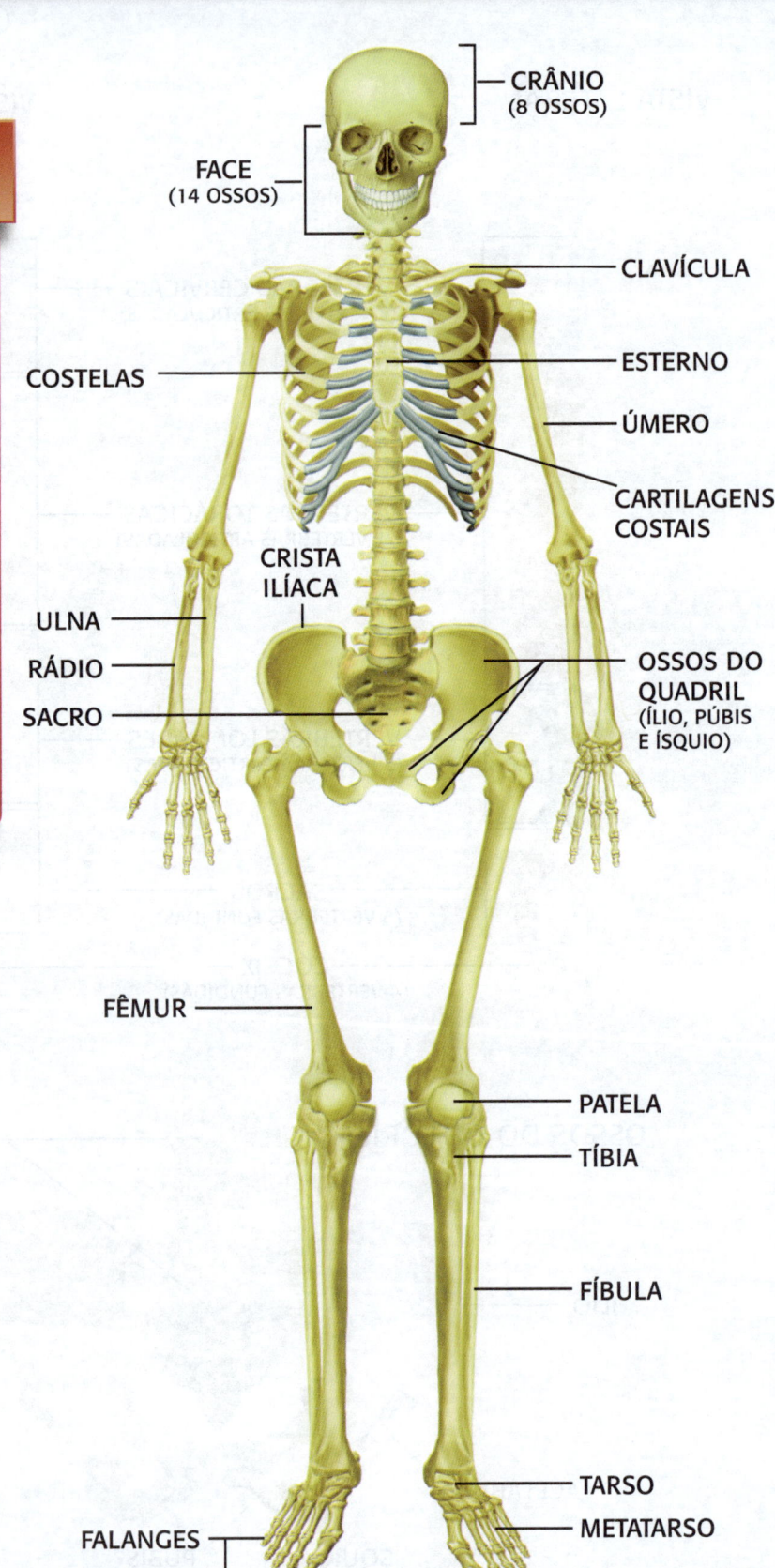

- CRÂNIO (8 OSSOS)
- FACE (14 OSSOS)
- CLAVÍCULA
- ESTERNO
- ÚMERO
- CARTILAGENS COSTAIS
- COSTELAS
- CRISTA ILÍACA
- ULNA
- RÁDIO
- SACRO
- OSSOS DO QUADRIL (ÍLIO, PÚBIS E ÍSQUIO)
- FÊMUR
- PATELA
- TÍBIA
- FÍBULA
- TARSO
- METATARSO
- FALANGES

SISTEMA ESQUELÉTICO
MÃO E PÉ

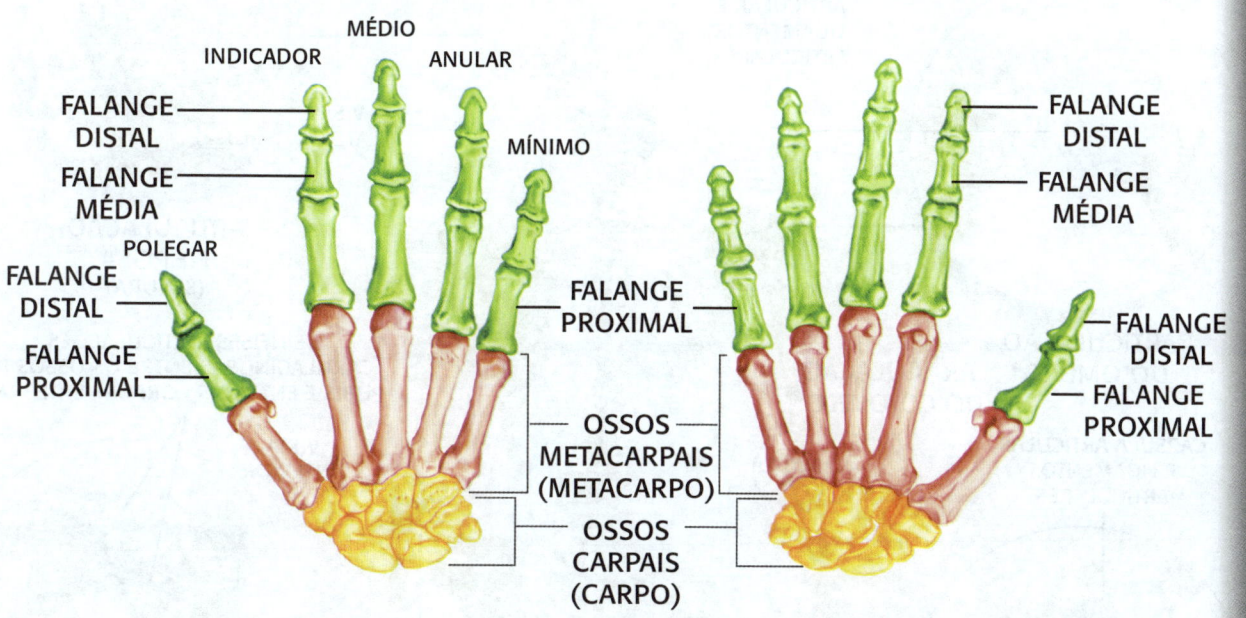

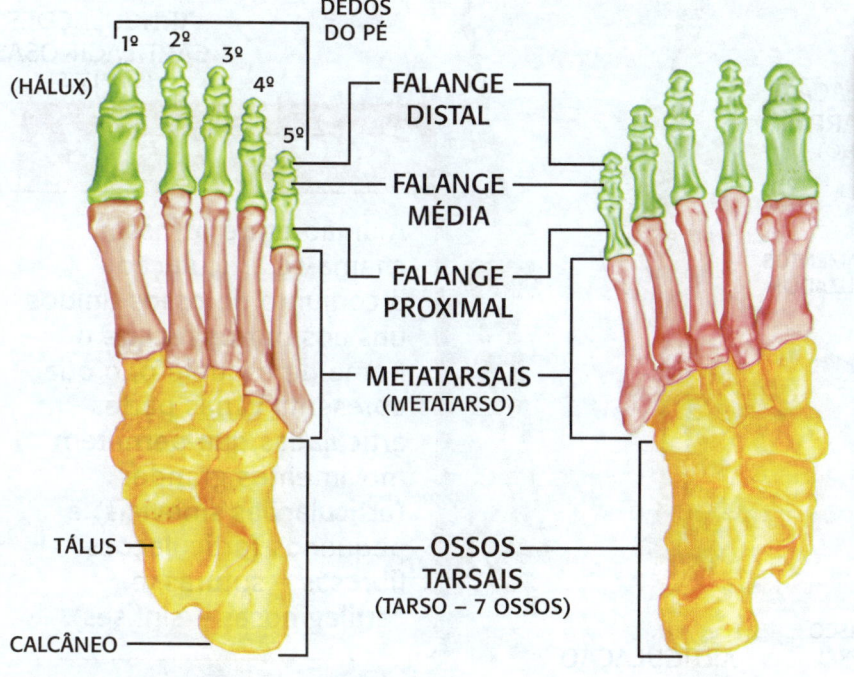

Fique sabendo!

Todos os dedos possuem três falanges, com exceção do polegar, na mão, e do hálux (1º dedo do pé), que possuem somente duas.

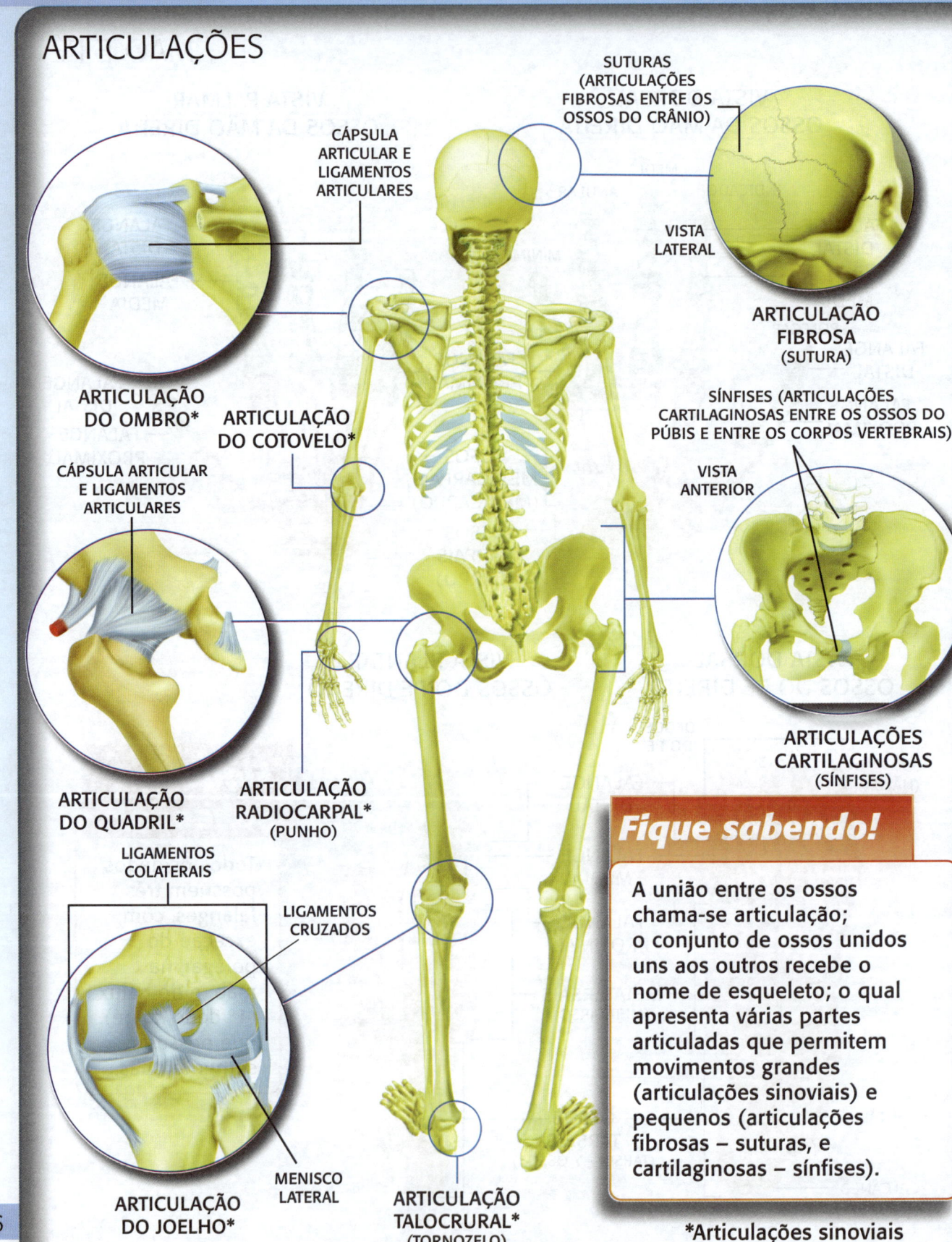

SISTEMA MUSCULAR

MÚSCULOS DA CABEÇA E DO TRONCO

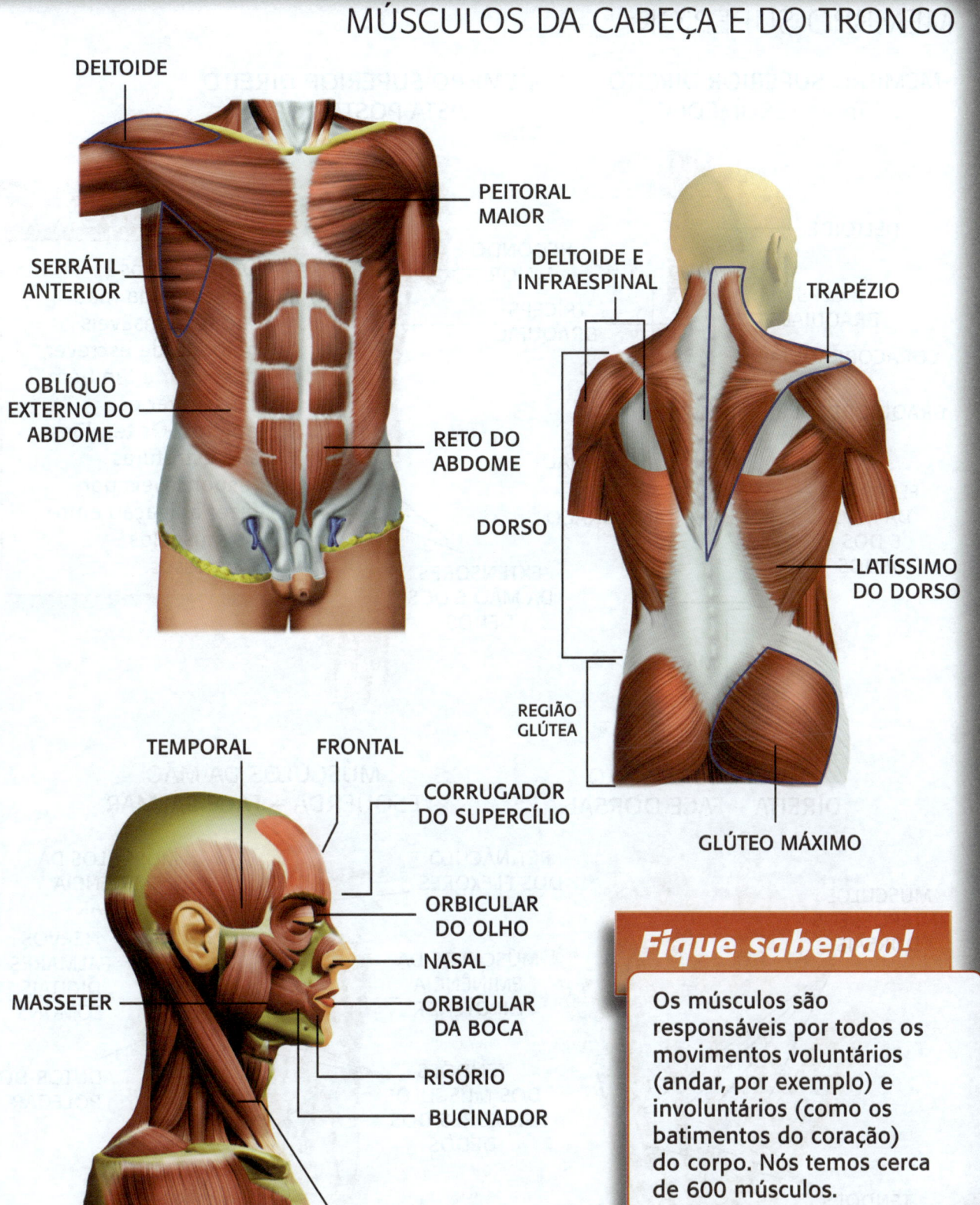

Fique sabendo!

Os músculos são responsáveis por todos os movimentos voluntários (andar, por exemplo) e involuntários (como os batimentos do coração) do corpo. Nós temos cerca de 600 músculos.

SISTEMA MUSCULAR

MEMBRO SUPERIOR

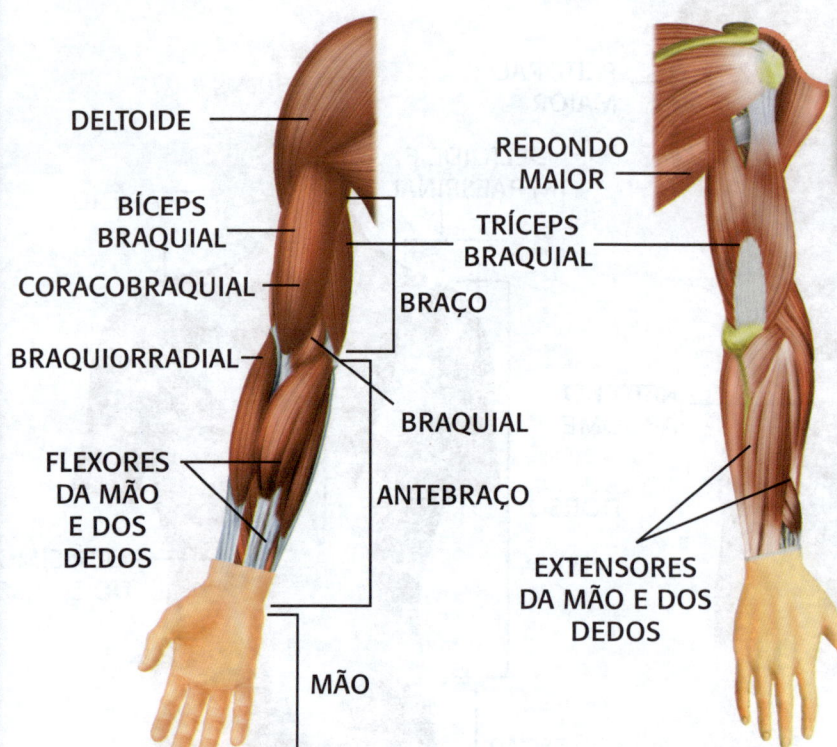

Fique sabendo!

Os pequenos músculos da mão são responsáveis pelo ato de escrever, desenhar e também de segurar os objetos. Os tendões são estruturas responsáveis por fazer a ligação entre os músculos e os ossos.

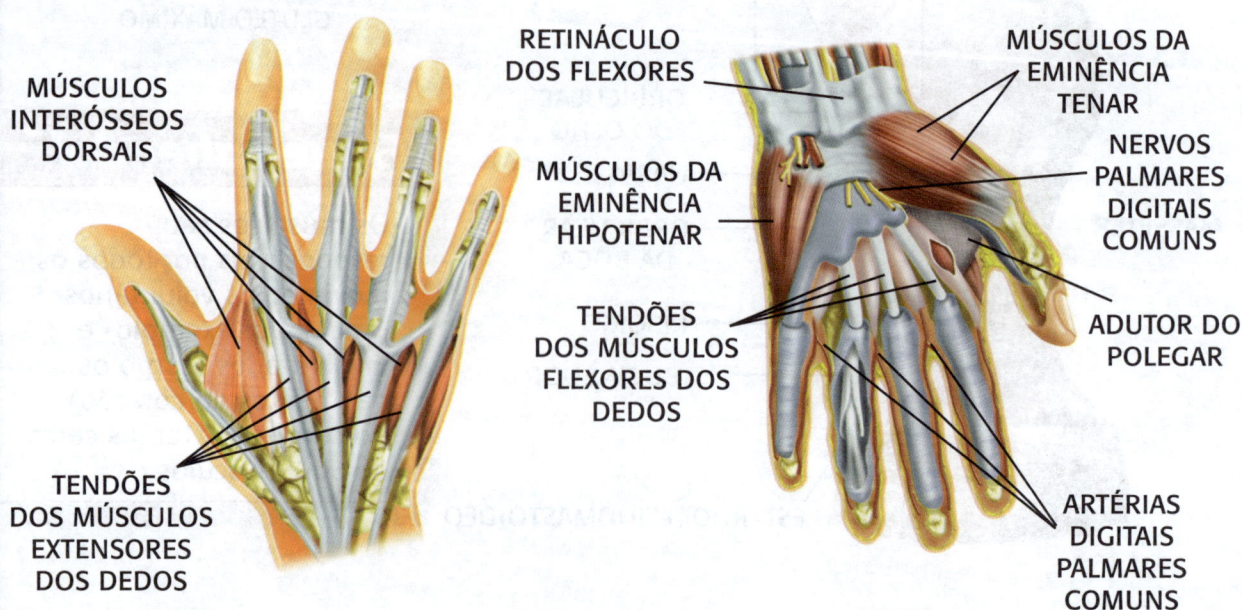

SISTEMA MUSCULAR

MEMBRO INFERIOR

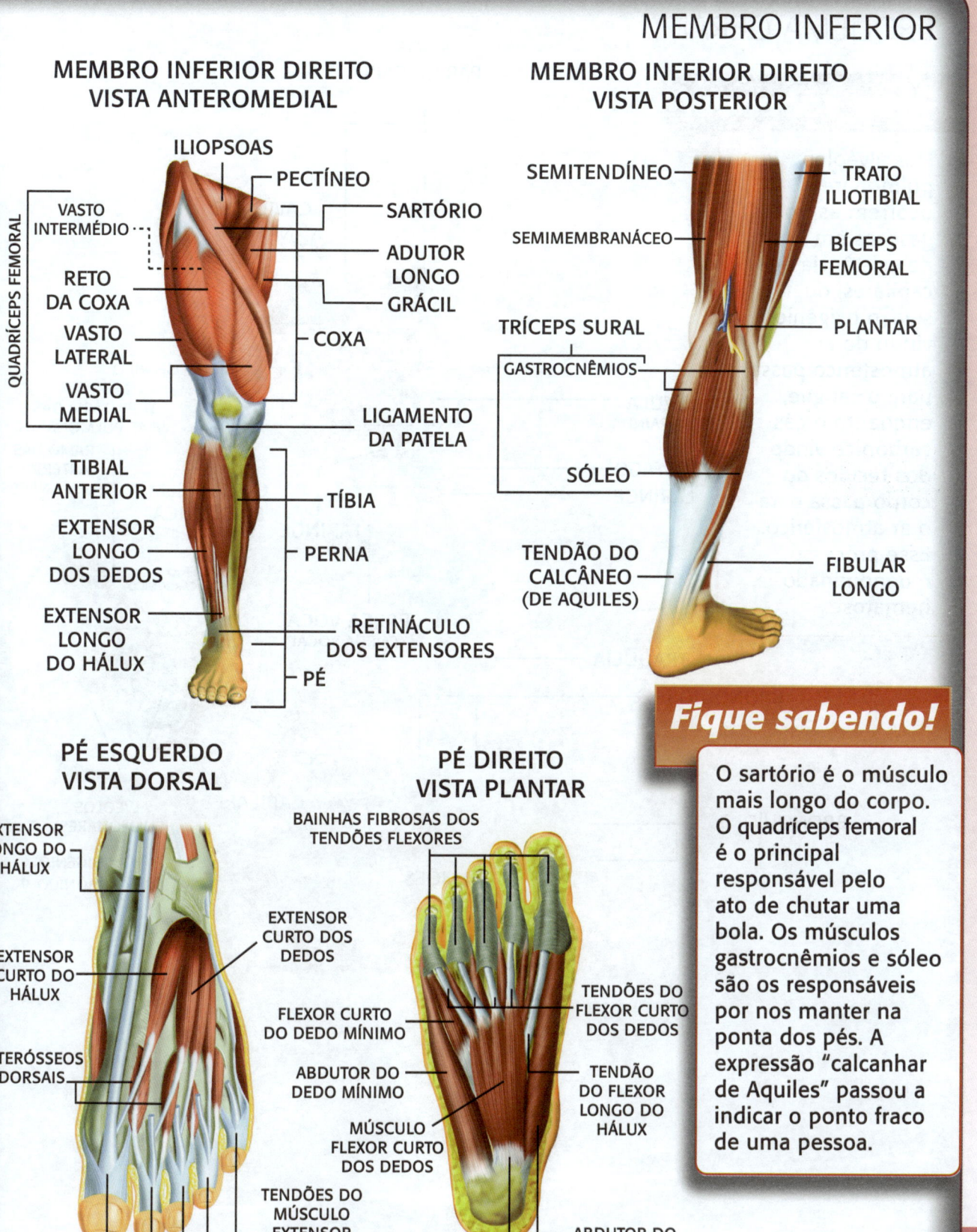

Fique sabendo!

O sartório é o músculo mais longo do corpo. O quadríceps femoral é o principal responsável pelo ato de chutar uma bola. Os músculos gastrocnêmios e sóleo são os responsáveis por nos manter na ponta dos pés. A expressão "calcanhar de Aquiles" passou a indicar o ponto fraco de uma pessoa.

SISTEMA RESPIRATÓRIO

ESQUEMA GERAL

Fique sabendo!

Nos alvéolos pulmonares, ocorrem as trocas gasosas em razão da existência dos capilares, ou seja, o oxigênio vindo do ar atmosférico passa para o sangue, enquanto o gás carbônico vindo dos tecidos do corpo passa para o ar atmosférico. Esse processo é denominado hematose.

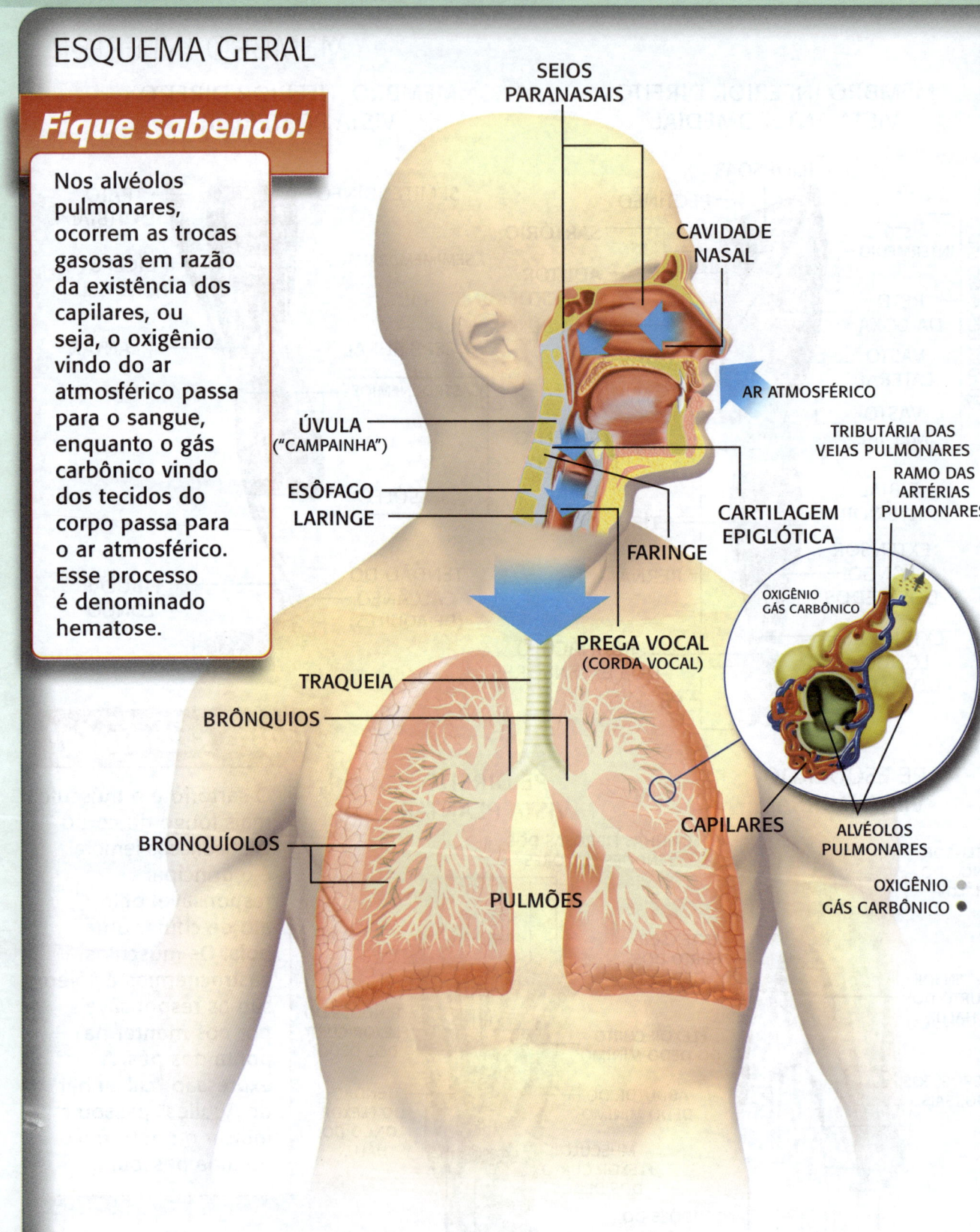

SISTEMA RESPIRATÓRIO

ÁRVORE BRÔNQUICA

Fique sabendo!

A nossa voz é produzida na laringe, por meio da vibração de estruturas chamadas pregas (cordas) vocais.
O diafragma é o principal músculo da respiração. Ele controla a entrada de ar (inspiração) e a saída de ar (expiração).

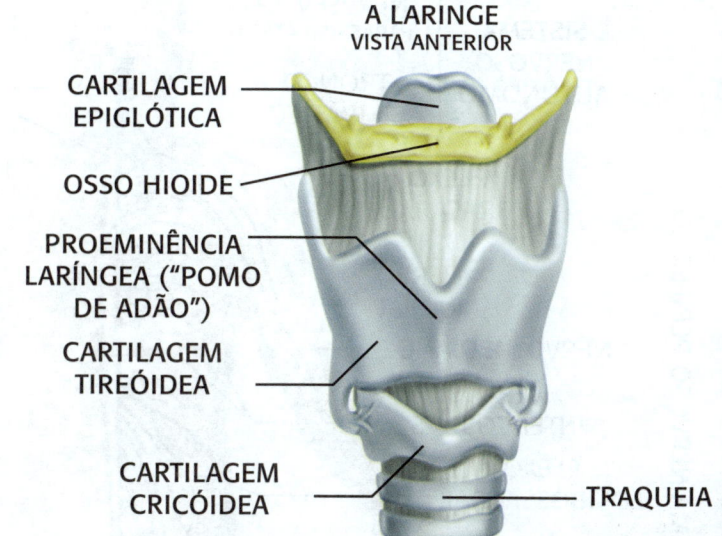

A LARINGE
VISTA ANTERIOR
- CARTILAGEM EPIGLÓTICA
- OSSO HIOIDE
- PROEMINÊNCIA LARÍNGEA ("POMO DE ADÃO")
- CARTILAGEM TIREÓIDEA
- CARTILAGEM CRICÓIDEA
- TRAQUEIA

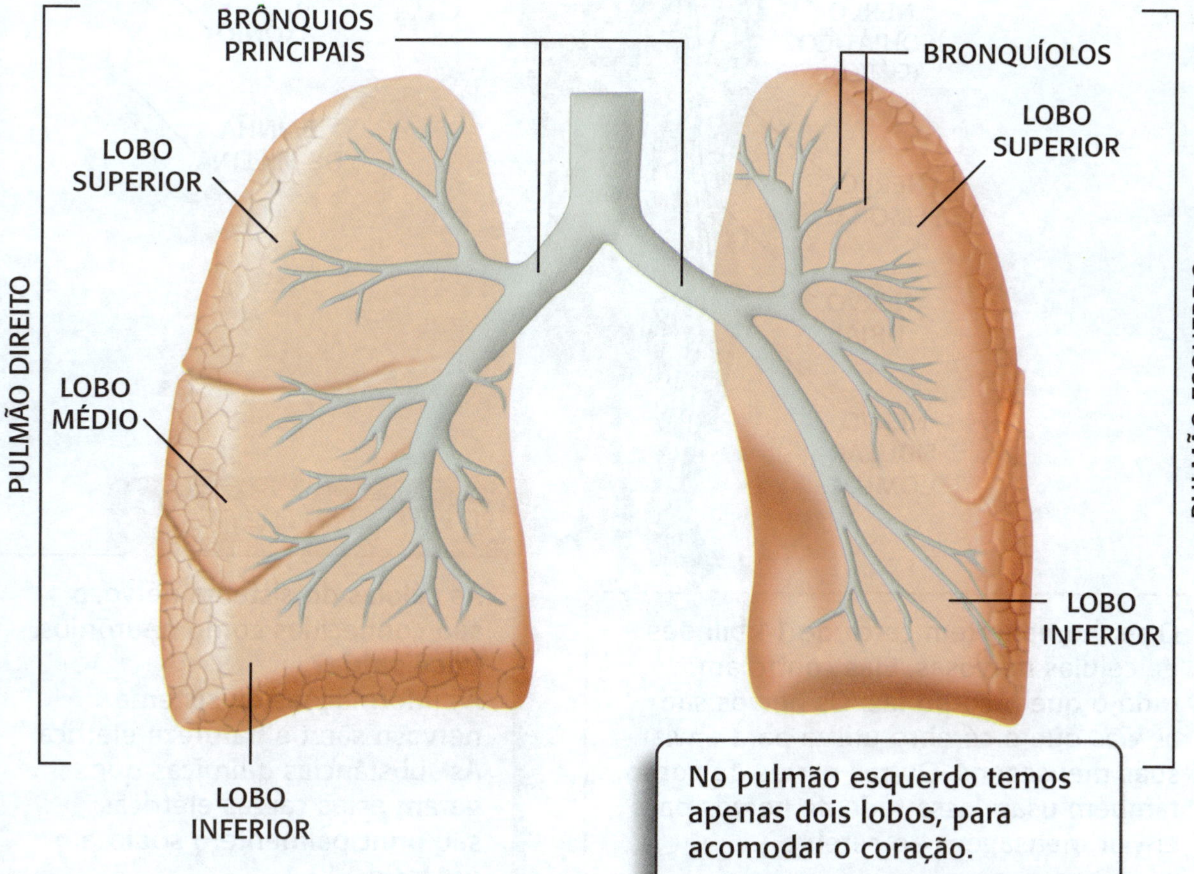

PULMÃO DIREITO
- LOBO SUPERIOR
- LOBO MÉDIO
- LOBO INFERIOR

BRÔNQUIOS PRINCIPAIS

BRONQUÍOLOS

PULMÃO ESQUERDO
- LOBO SUPERIOR
- LOBO INFERIOR

No pulmão esquerdo temos apenas dois lobos, para acomodar o coração.

SISTEMA NERVOSO

ESQUEMA GERAL

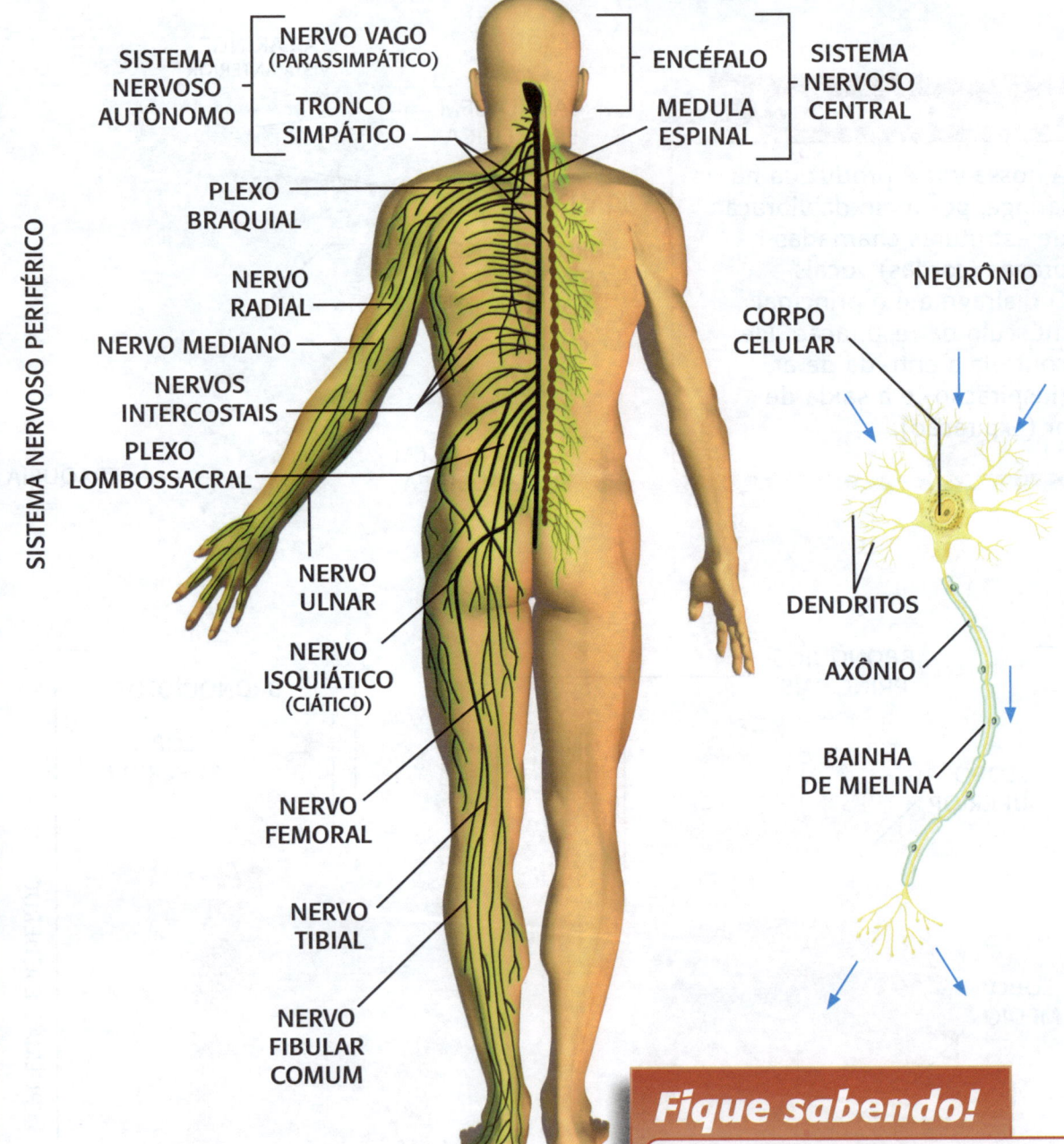

O ser humano tem cerca de 14 bilhões de células nervosas. Elas controlam tudo o que o corpo faz. Os nervos são as vias que o cérebro utiliza para enviar suas mensagens. Outras partes do corpo também usam essa rede de nervos para enviar mensagens ao cérebro.

Fique sabendo!

As células do sistema nervoso são conhecidas como neurônios. **Você sabia?** As informações do sistema nervoso são de natureza elétrica. As substâncias químicas que geram estas cargas elétricas são principalmente o sódio e o potássio.

SISTEMA NERVOSO

ENCÉFALO

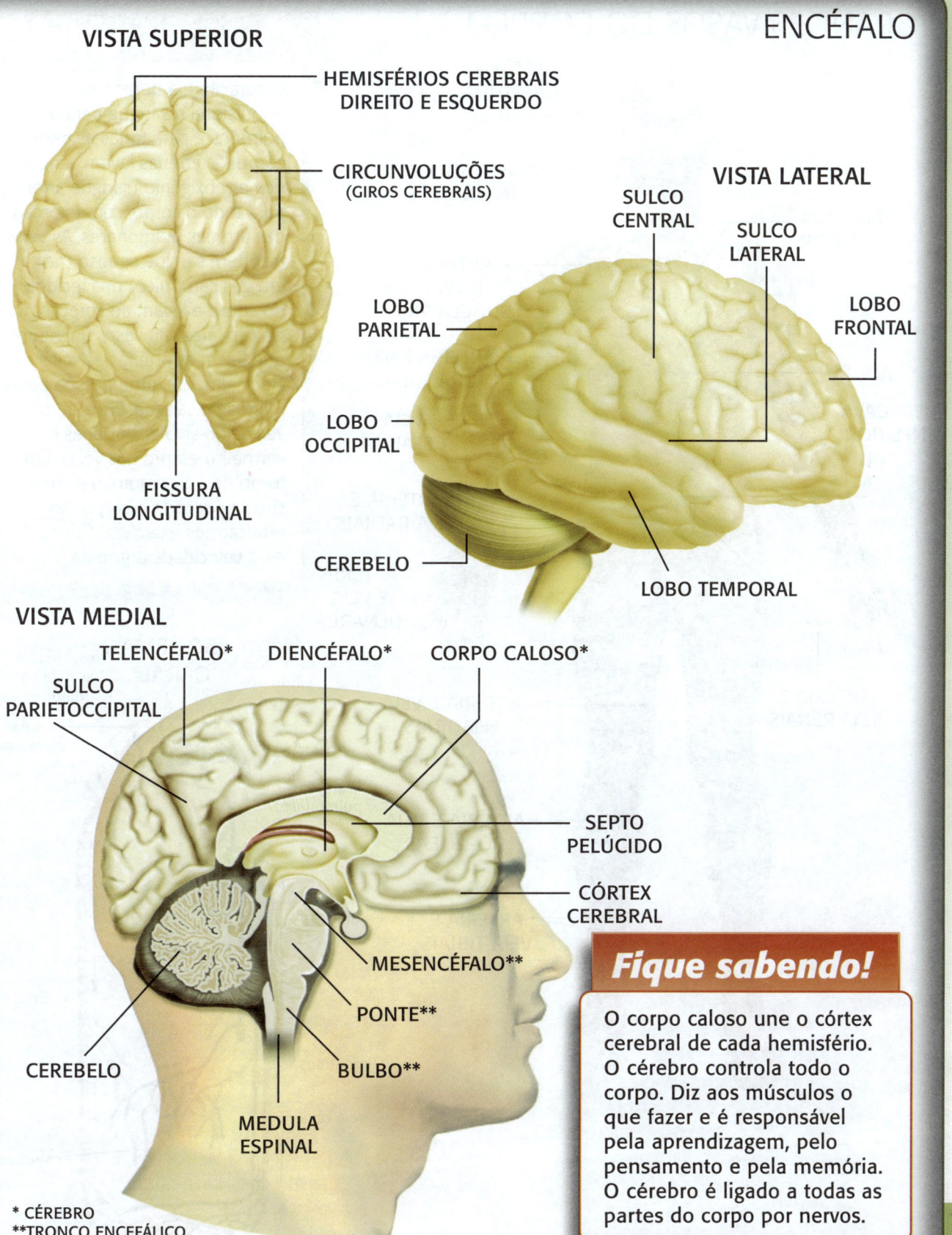

VISTA SUPERIOR
- HEMISFÉRIOS CEREBRAIS DIREITO E ESQUERDO
- CIRCUNVOLUÇÕES (GIROS CEREBRAIS)
- FISSURA LONGITUDINAL
- LOBO PARIETAL
- LOBO OCCIPITAL
- CEREBELO

VISTA LATERAL
- SULCO CENTRAL
- SULCO LATERAL
- LOBO FRONTAL
- LOBO TEMPORAL

VISTA MEDIAL
- SULCO PARIETOCCIPITAL
- TELENCÉFALO*
- DIENCÉFALO*
- CORPO CALOSO*
- SEPTO PELÚCIDO
- CÓRTEX CEREBRAL
- MESENCÉFALO**
- PONTE**
- BULBO**
- CEREBELO
- MEDULA ESPINAL

* CÉREBRO
**TRONCO ENCEFÁLICO

Fique sabendo!

O corpo caloso une o córtex cerebral de cada hemisfério. O cérebro controla todo o corpo. Diz aos músculos o que fazer e é responsável pela aprendizagem, pelo pensamento e pela memória. O cérebro é ligado a todas as partes do corpo por nervos.

SISTEMA CIRCULATÓRIO

GRANDES VASOS DO CORPO I

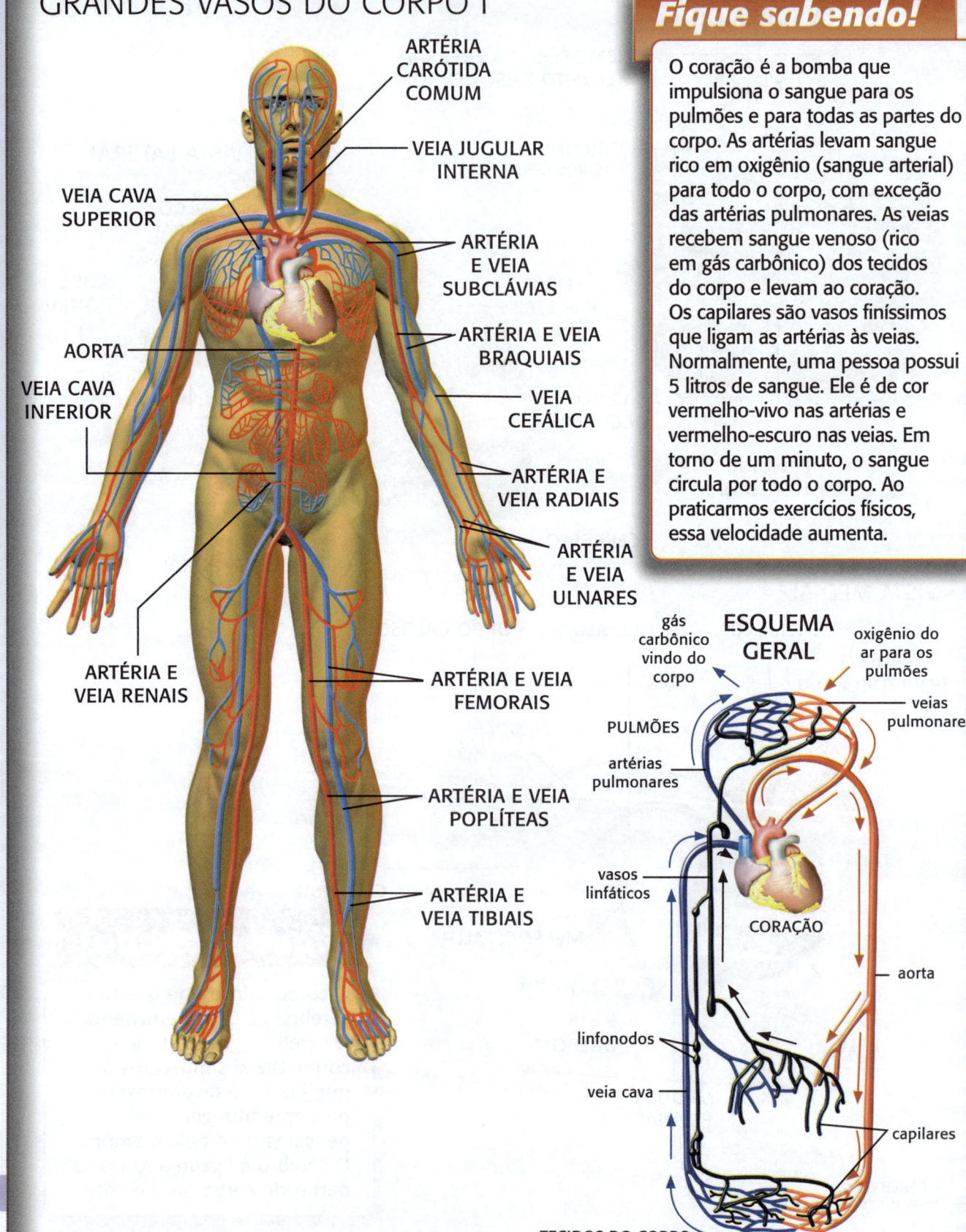

Fique sabendo!

O coração é a bomba que impulsiona o sangue para os pulmões e para todas as partes do corpo. As artérias levam sangue rico em oxigênio (sangue arterial) para todo o corpo, com exceção das artérias pulmonares. As veias recebem sangue venoso (rico em gás carbônico) dos tecidos do corpo e levam ao coração. Os capilares são vasos finíssimos que ligam as artérias às veias. Normalmente, uma pessoa possui 5 litros de sangue. Ele é de cor vermelho-vivo nas artérias e vermelho-escuro nas veias. Em torno de um minuto, o sangue circula por todo o corpo. Ao praticarmos exercícios físicos, essa velocidade aumenta.

SISTEMA CIRCULATÓRIO

GRANDES VASOS DO CORPO II

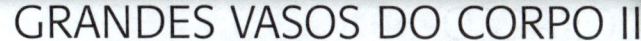

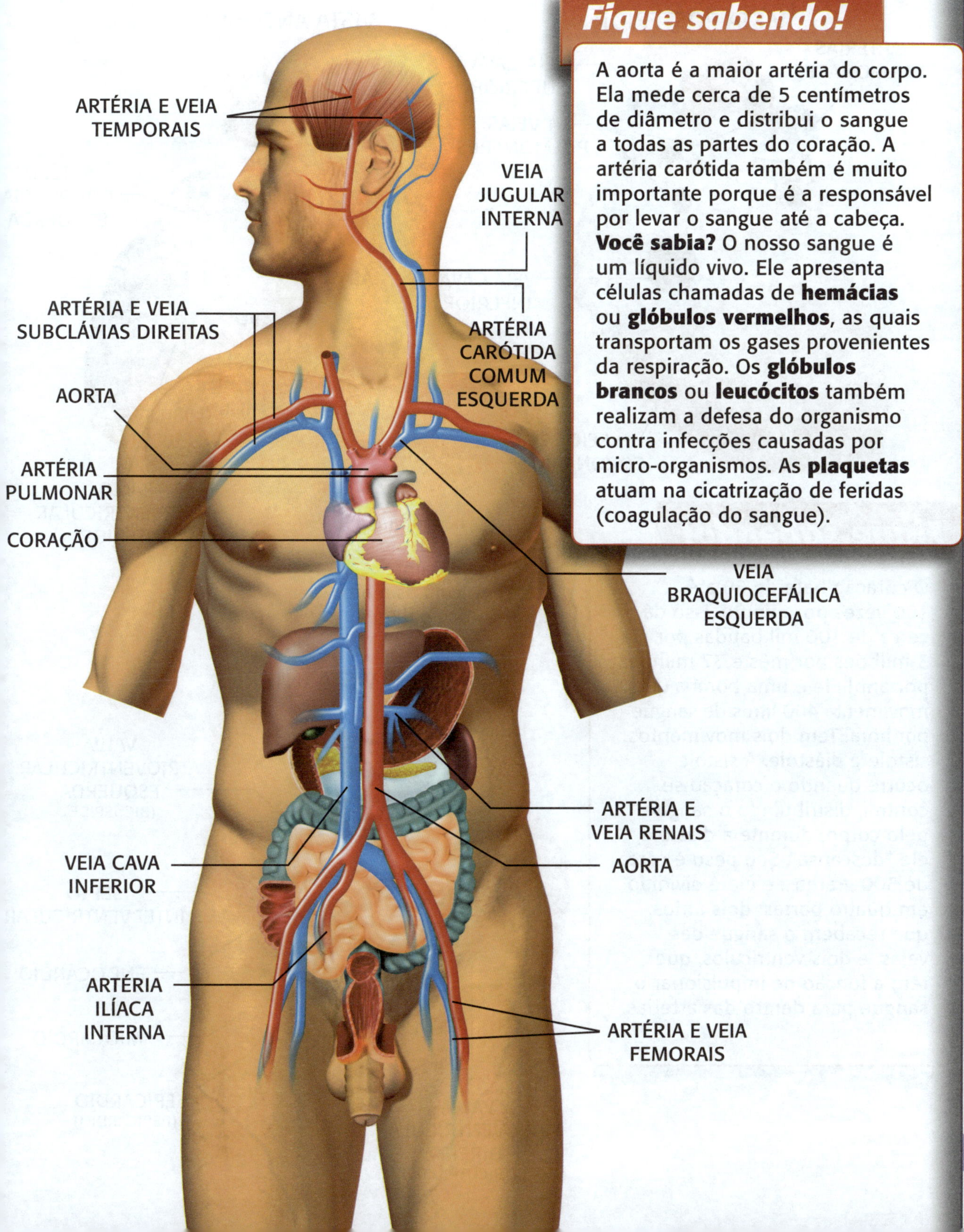

Fique sabendo!

A aorta é a maior artéria do corpo. Ela mede cerca de 5 centímetros de diâmetro e distribui o sangue a todas as partes do coração. A artéria carótida também é muito importante porque é a responsável por levar o sangue até a cabeça. **Você sabia?** O nosso sangue é um líquido vivo. Ele apresenta células chamadas de **hemácias** ou **glóbulos vermelhos**, as quais transportam os gases provenientes da respiração. Os **glóbulos brancos** ou **leucócitos** também realizam a defesa do organismo contra infecções causadas por micro-organismos. As **plaquetas** atuam na cicatrização de feridas (coagulação do sangue).

- ARTÉRIA E VEIA TEMPORAIS
- VEIA JUGULAR INTERNA
- ARTÉRIA E VEIA SUBCLÁVIAS DIREITAS
- ARTÉRIA CARÓTIDA COMUM ESQUERDA
- AORTA
- ARTÉRIA PULMONAR
- CORAÇÃO
- VEIA BRAQUIOCEFÁLICA ESQUERDA
- ARTÉRIA E VEIA RENAIS
- AORTA
- VEIA CAVA INFERIOR
- ARTÉRIA ILÍACA INTERNA
- ARTÉRIA E VEIA FEMORAIS

SISTEMA CIRCULATÓRIO

CORAÇÃO

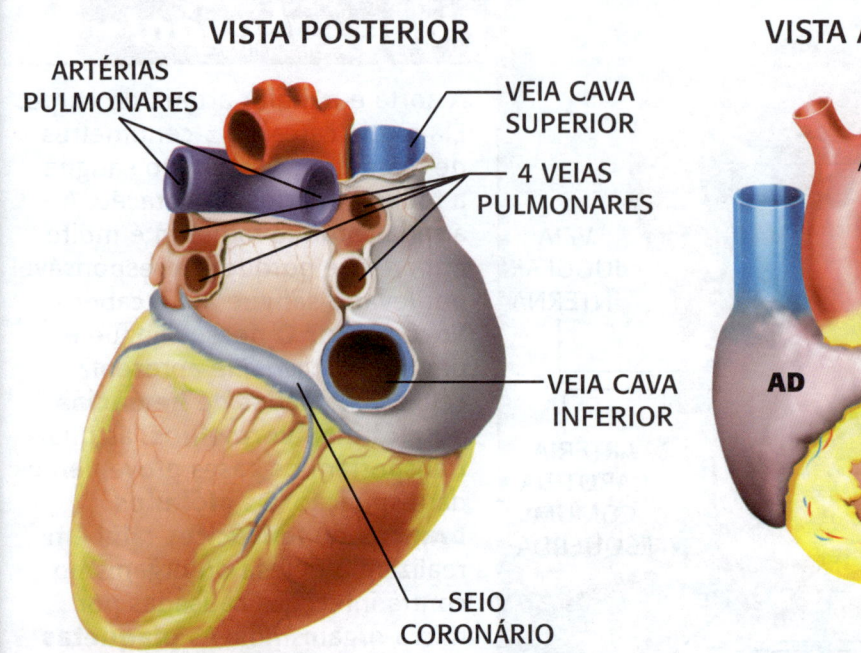

VISTA POSTERIOR

- ARTÉRIAS PULMONARES
- VEIA CAVA SUPERIOR
- 4 VEIAS PULMONARES
- VEIA CAVA INFERIOR
- SEIO CORONÁRIO

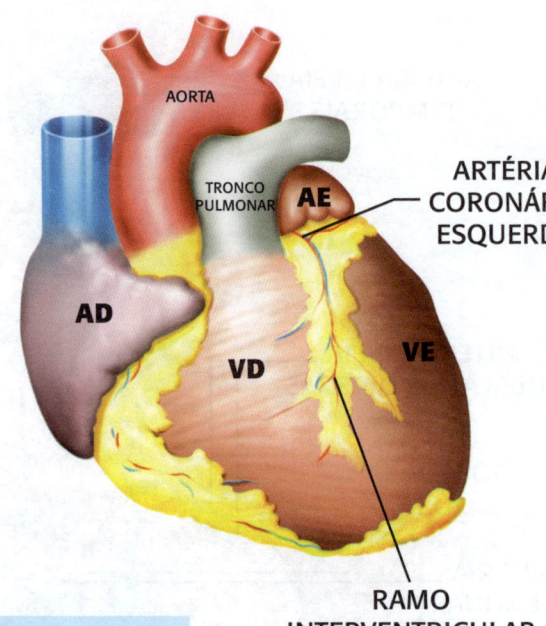

VISTA ANTERIOR

- AORTA
- TRONCO PULMONAR
- AE
- ARTÉRIA CORONÁRIA ESQUERDA
- AD
- VD
- VE
- RAMO INTERVENTRICULAR ANTERIOR

Legenda
AE: átrio esquerdo
AD: átrio direito
VE: ventrículo esquerdo
VD: ventrículo direito

Fique sabendo!

O coração bate de 60 até 100 vezes por minuto. Isso dá cerca de 100 mil batidas por dia, 3 milhões por mês e 37 milhões por ano! Ele é uma bomba que movimenta 400 litros de sangue por hora! Tem dois movimentos: sístole e diástole. A sístole ocorre quando o coração se contrai, distribuindo o sangue pelo corpo; durante a diástole, ele "descansa". Seu peso é cerca de 300 gramas, e ele é dividido em quatro partes: dois átrios, que recebem o sangue das veias, e dois ventrículos, que têm a função de impulsionar o sangue para dentro das artérias.

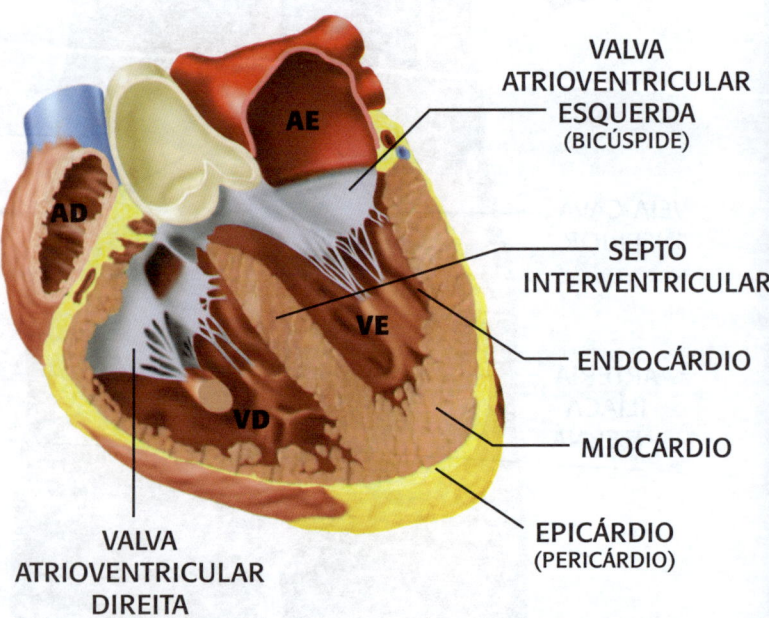

VISTA INTERNA

- AE
- AD
- VE
- VD
- VALVA ATRIOVENTRICULAR ESQUERDA (BICÚSPIDE)
- SEPTO INTERVENTRICULAR
- ENDOCÁRDIO
- MIOCÁRDIO
- EPICÁRDIO (PERICÁRDIO)
- VALVA ATRIOVENTRICULAR DIREITA (TRICÚSPIDE)

SISTEMA CIRCULATÓRIO

A CIRCULAÇÃO DO SANGUE NO CORAÇÃO

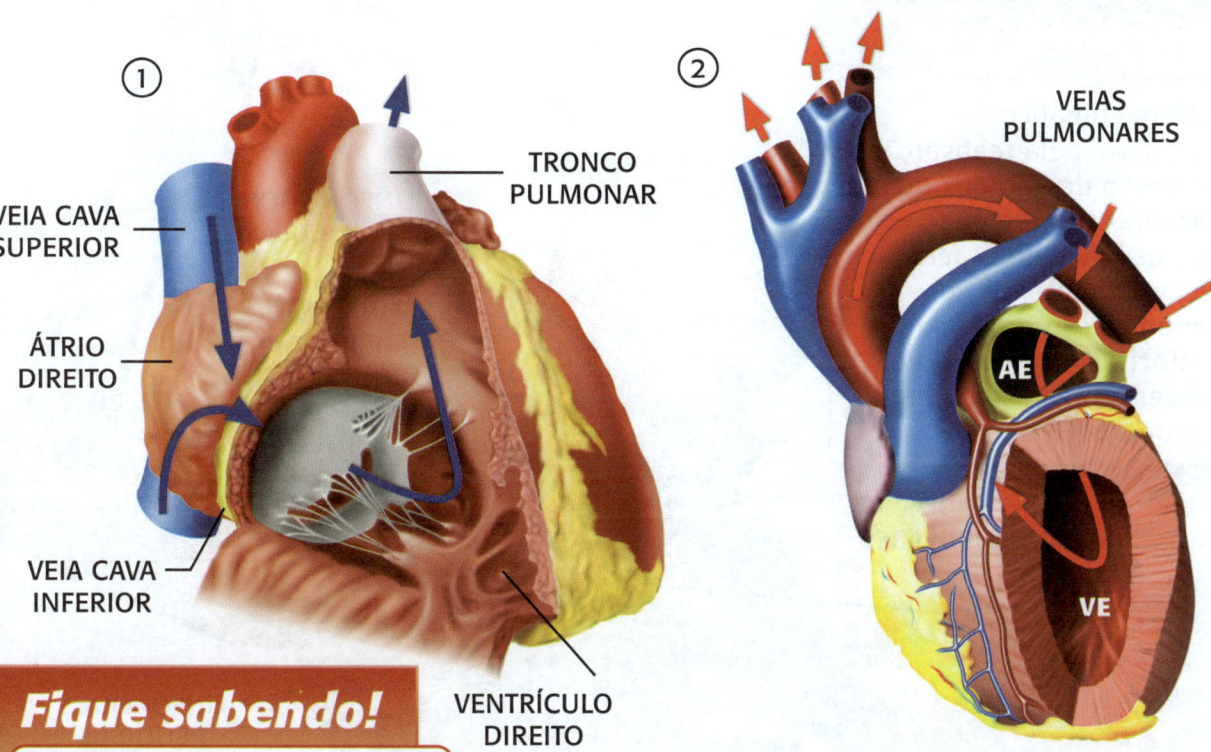

Fique sabendo!

A figura 1 demonstra que o sangue venoso (representado na cor azul), proveniente das diversas regiões do corpo, chega ao coração através das veias cavas superior e inferior. O sangue passa pelo átrio direito e tronco pulmonar até chegar aos pulmões. Já a figura 2 demonstra o caminho do sangue arterial, representado na cor vermelha. Após passar pelos pulmões, o sangue volta ao coração através das veias pulmonares, passa pelo átrio esquerdo, pelo ventrículo esquerdo e pela aorta, a fim de ser distribuído para todas as partes do corpo.

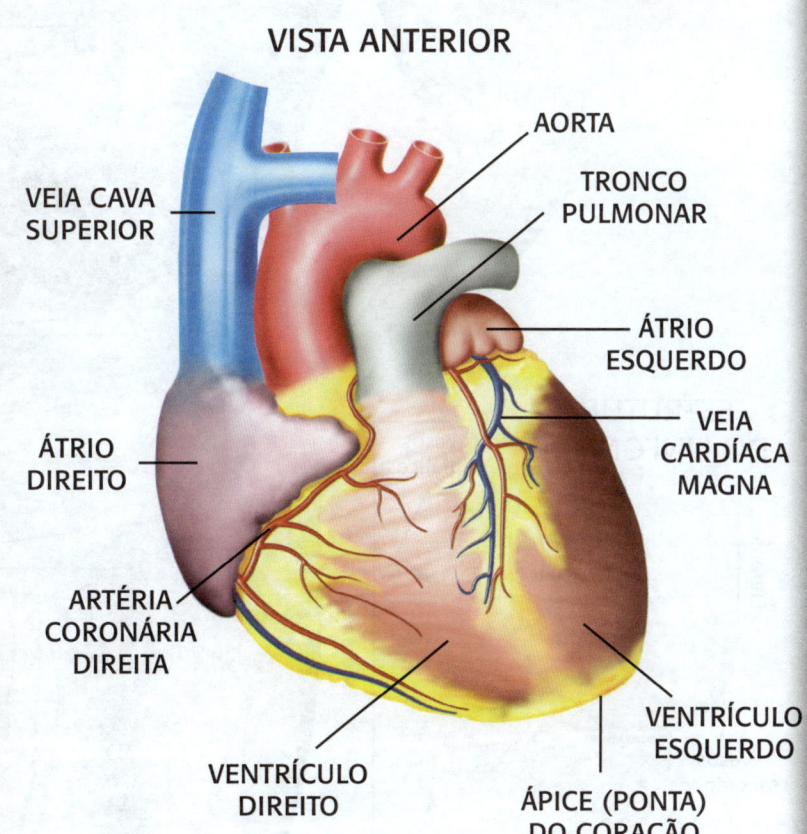

VISTA ANTERIOR

SISTEMA LINFÁTICO

VASOS LINFÁTICOS E LINFONODOS

Fique sabendo!

O sistema linfático é responsável pela reabsorção do excesso de líquidos do organismo (a chamada linfa), devolvendo-o para as veias. No interior dos linfonodos, são produzidos os linfócitos, cuja função é proteger o organismo contra infecções.

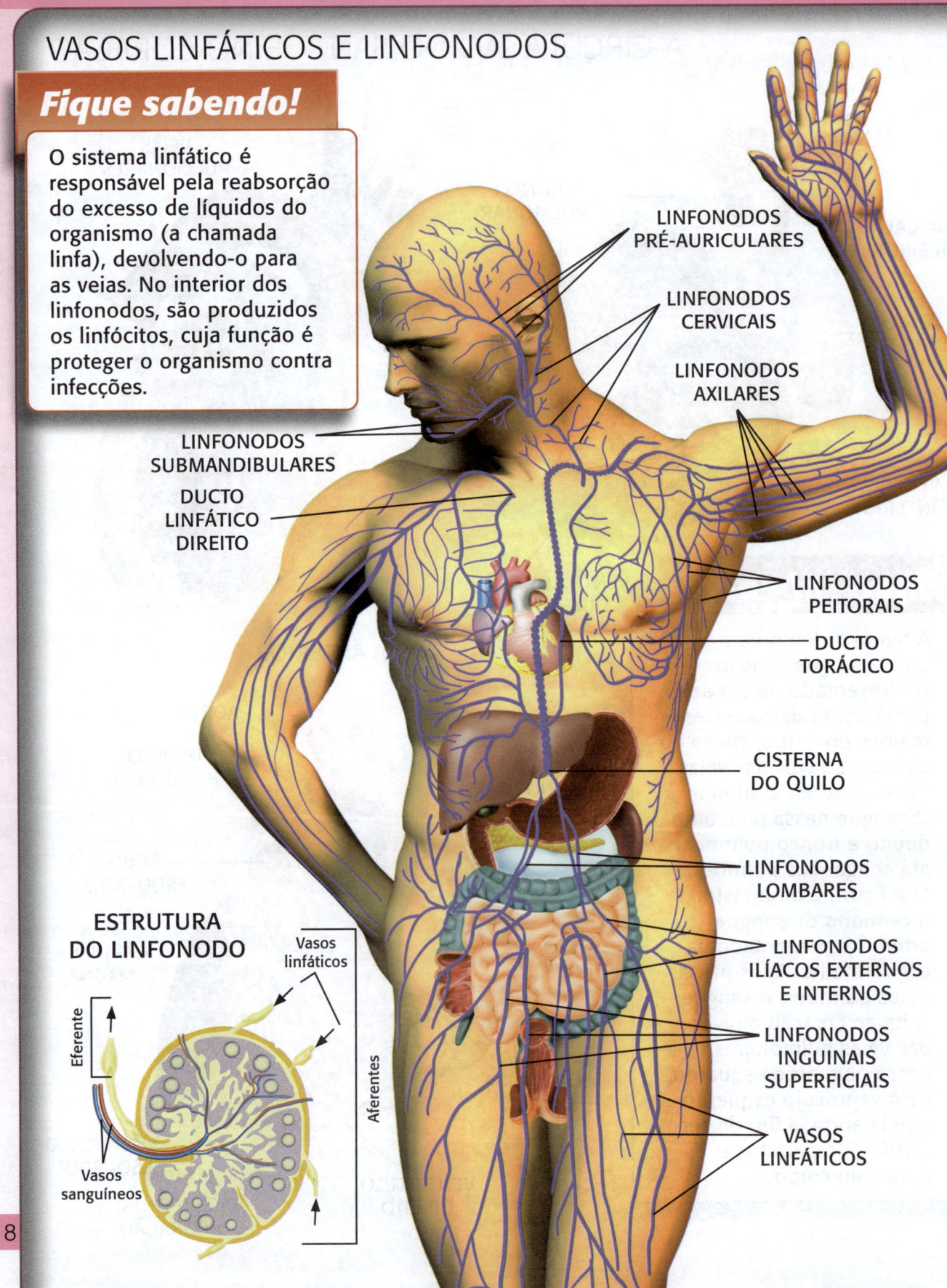

ÓRGÃOS DOS SENTIDOS

ORELHAS (AUDIÇÃO E EQUILÍBRIO)

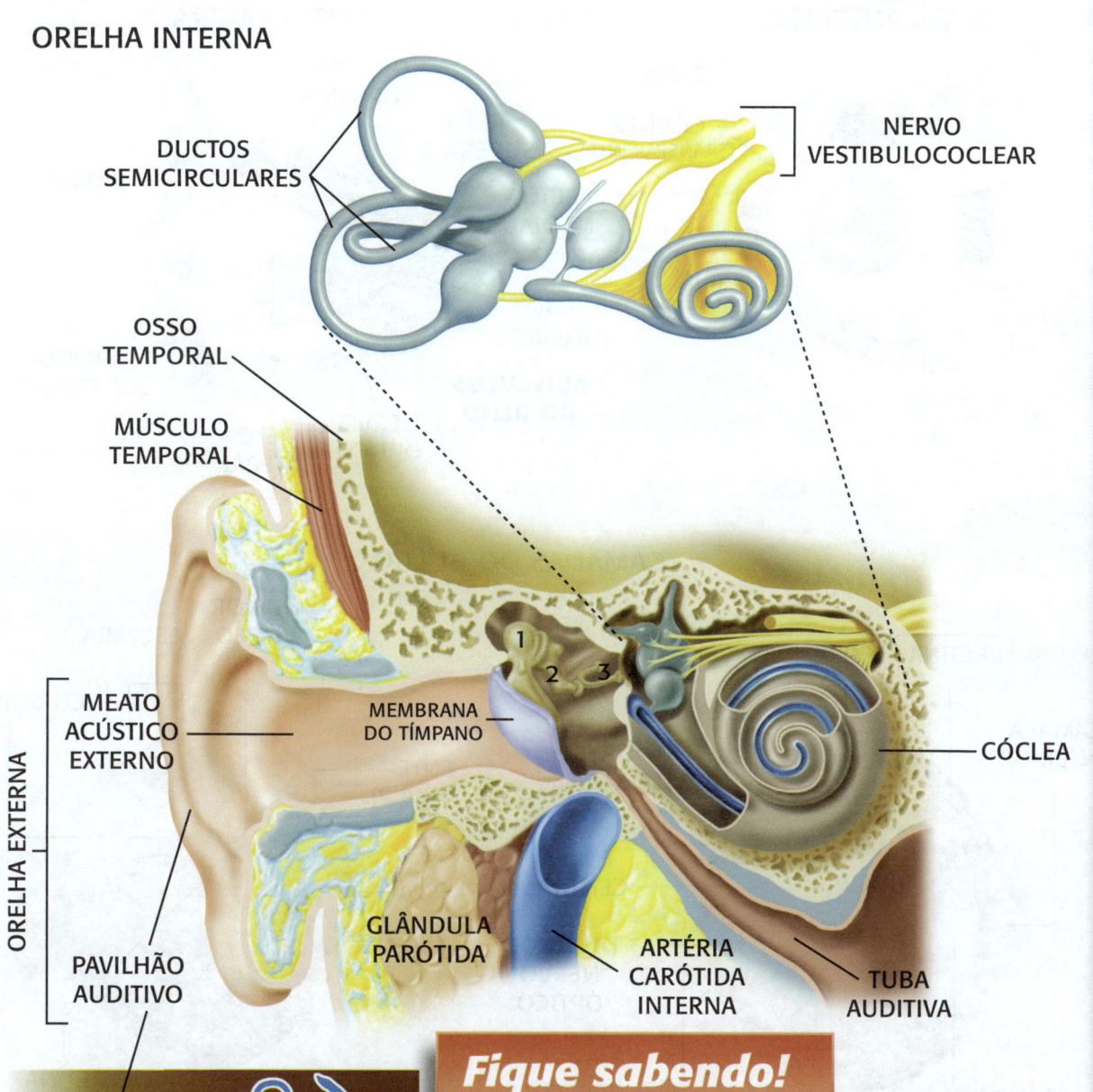

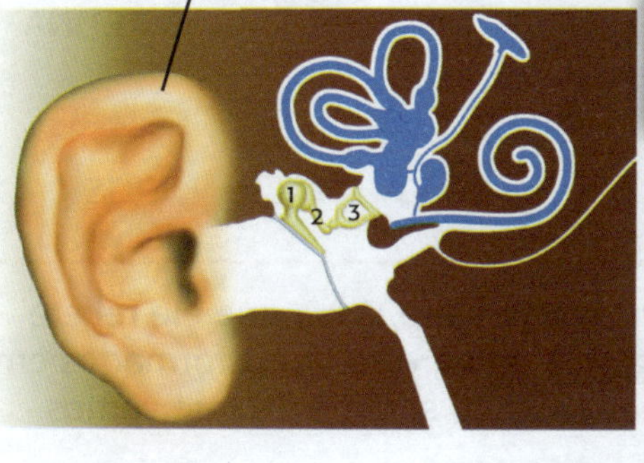

1 - MARTELO
2 - BIGORNA
3 - ESTRIBO

Fique sabendo!

Para facilitar o estudo, a orelha é dividida em "orelha externa", que engloba o pavilhão auditivo e o meato acústico externo, a "orelha média", que engloba a membrana do tímpano, os ossículos e a tuba auditiva, e a "orelha interna", que engloba a cóclea e os canais semicirculares. A cóclea transforma as ondas sonoras em informações nervosas. O martelo, a bigorna e o estribo são chamados de "ossículos da orelha média".

ÓRGÃOS DOS SENTIDOS

OLHO (VISÃO)

VISTA ANTERIOR

VISTA LATERAL

CAMADAS DO BULBO

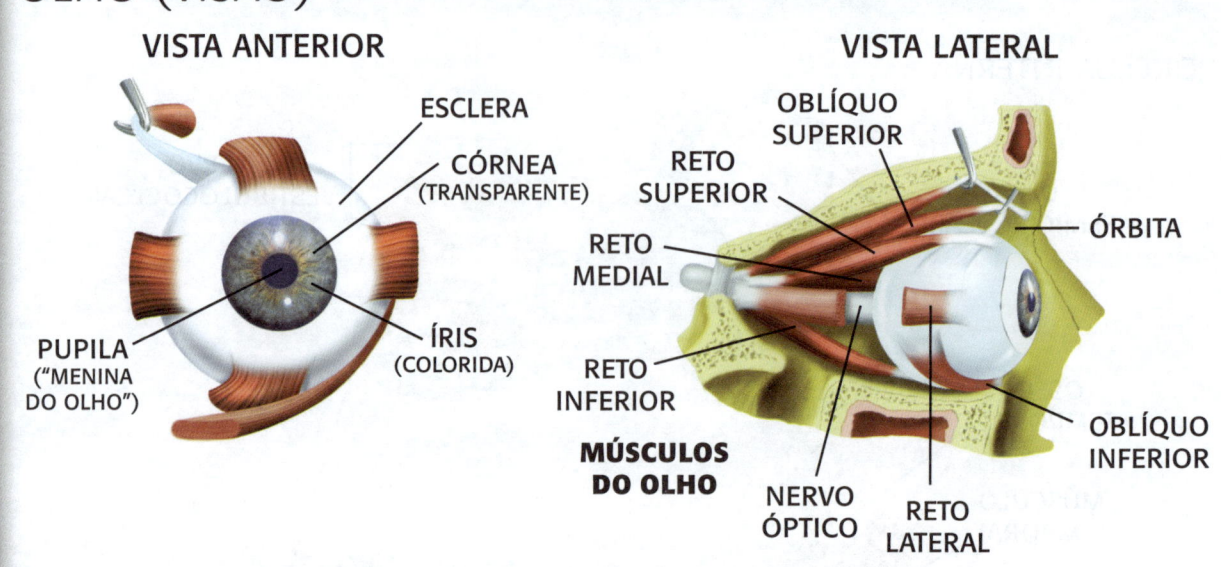

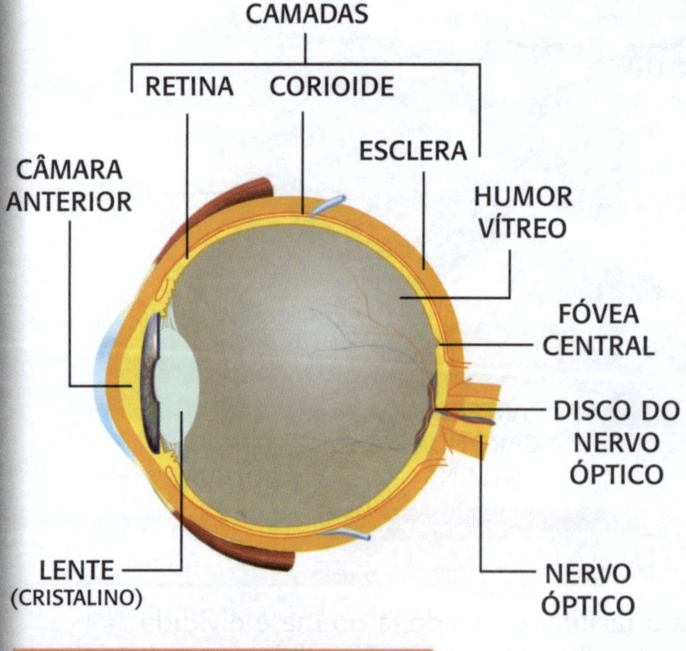

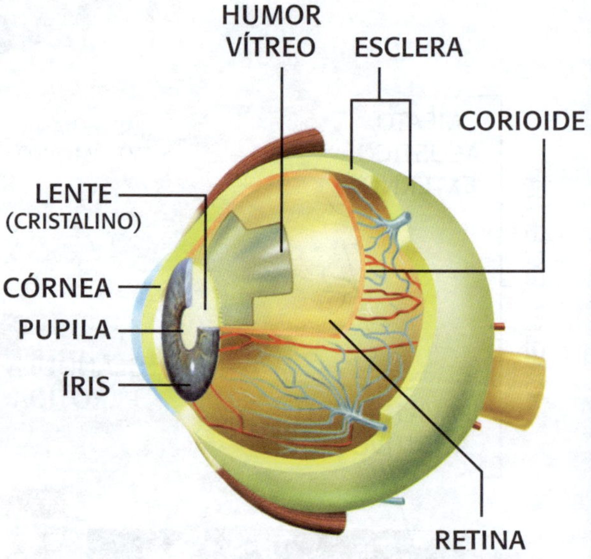

Fique sabendo!

Os olhos precisam de luz para funcionar. Quando olhamos um objeto, a luz que ele reflete entra nos olhos através das pupilas. Os raios de luz chegam à retina e são transformados em impulsos elétricos, que vão pelo nervo óptico até o cérebro, dando sentido ao que vemos.

Você sabia?

Se há pouca entrada de luz, a pupila dilata (fica maior), deixando entrar mais luminosidade; quando há muita luz, a pupila diminui para proteger o olho.

ÓRGÃOS DOS SENTIDOS

LÍNGUA E NARIZ (GUSTAÇÃO e OLFAÇÃO)

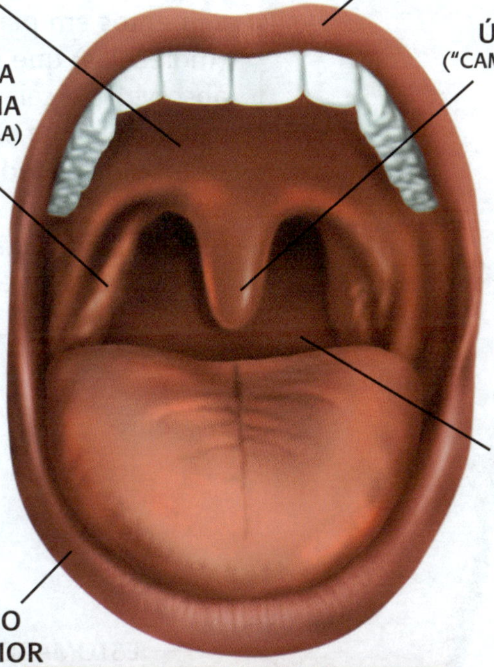

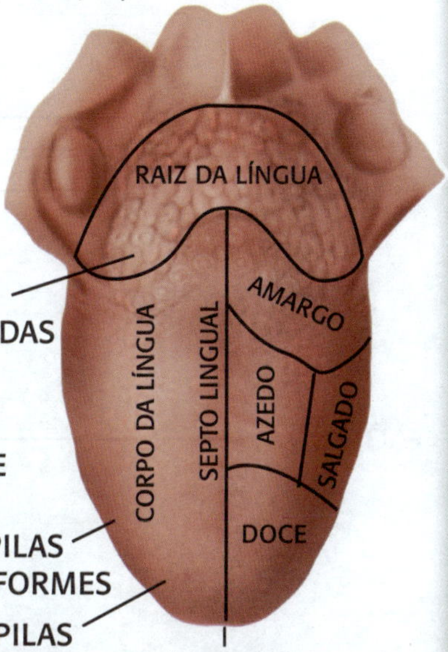

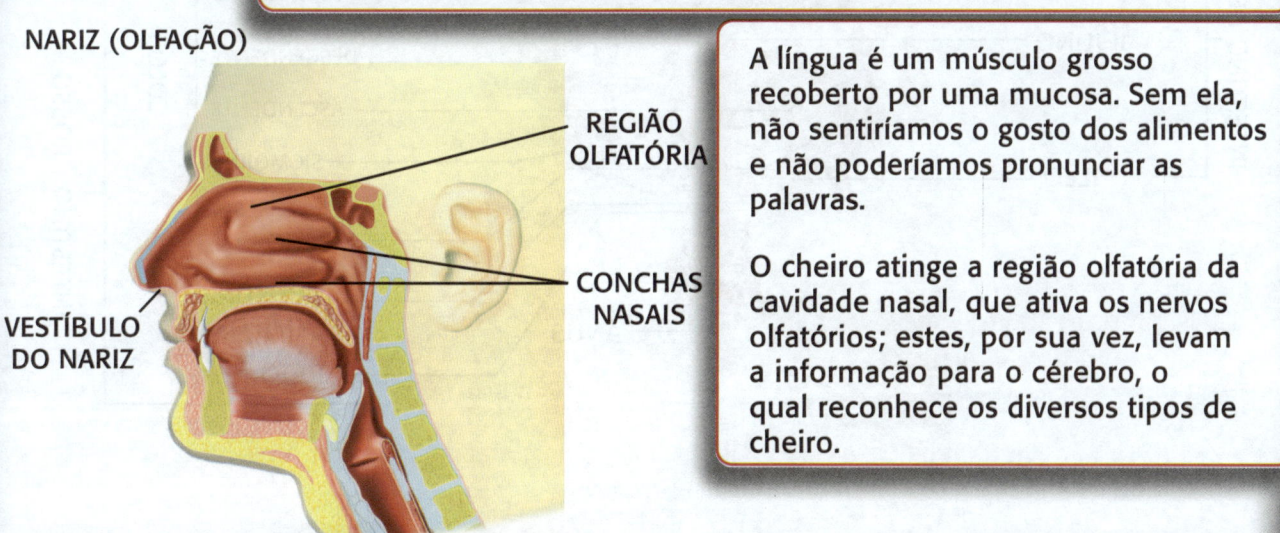

Fique sabendo!

Estudos recentes demonstram uma distribuição mais difusa dos receptores gustatórios na língua, ao contrário do mapa tradicional de representação dos sabores no dorso da língua, como aqui representado. Também foi descoberto um quinto sabor, o "umami", estimulado pelo glutamato, no molho de soja e em cogumelos, por exemplo.

A língua é um músculo grosso recoberto por uma mucosa. Sem ela, não sentiríamos o gosto dos alimentos e não poderíamos pronunciar as palavras.

O cheiro atinge a região olfatória da cavidade nasal, que ativa os nervos olfatórios; estes, por sua vez, levam a informação para o cérebro, o qual reconhece os diversos tipos de cheiro.

SISTEMA DIGESTÓRIO

ESQUEMA GERAL

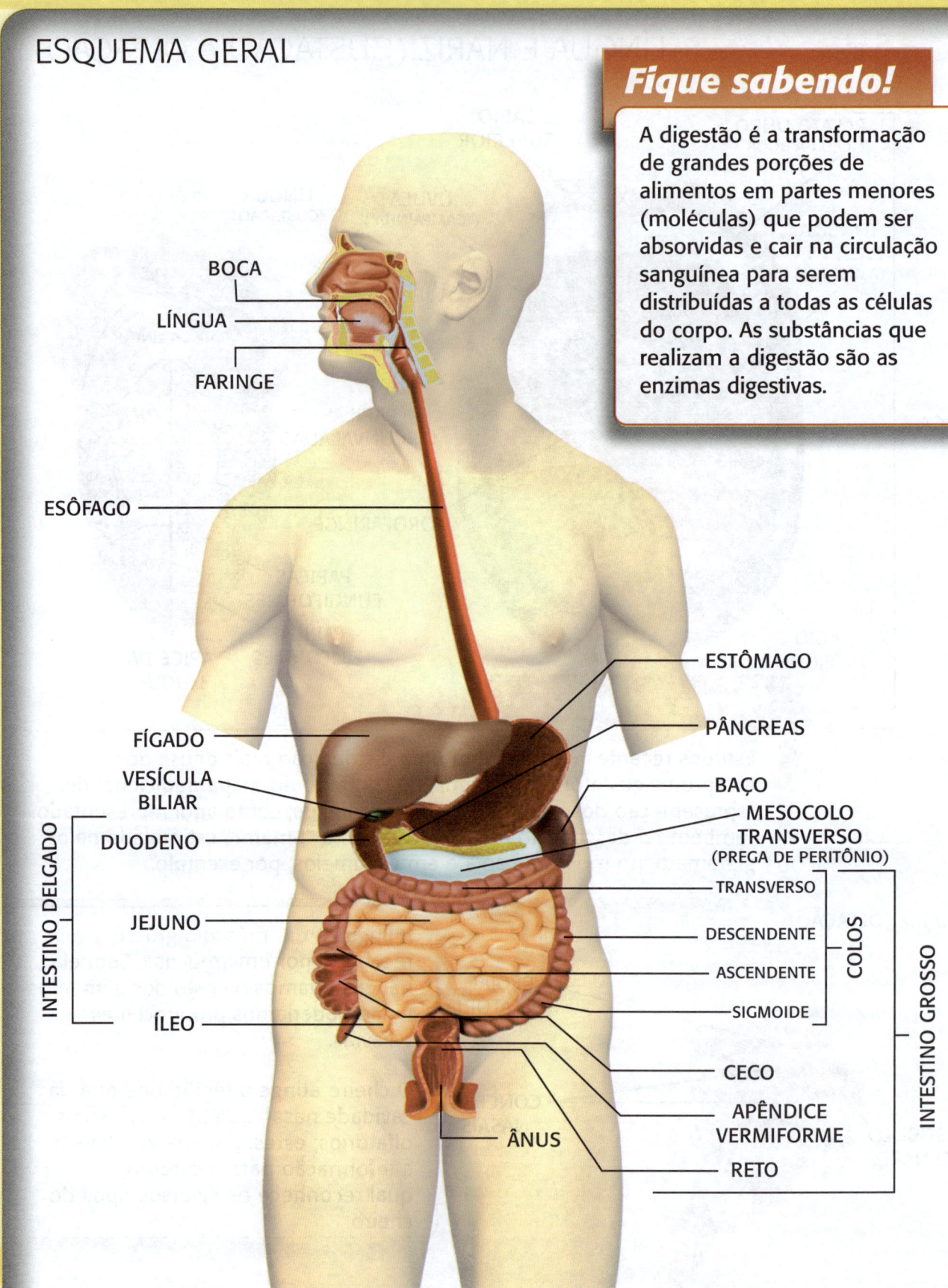

Fique sabendo!

A digestão é a transformação de grandes porções de alimentos em partes menores (moléculas) que podem ser absorvidas e cair na circulação sanguínea para serem distribuídas a todas as células do corpo. As substâncias que realizam a digestão são as enzimas digestivas.

SISTEMA DIGESTÓRIO
ESTÔMAGO, INTESTINO, PÂNCREAS E FÍGADO

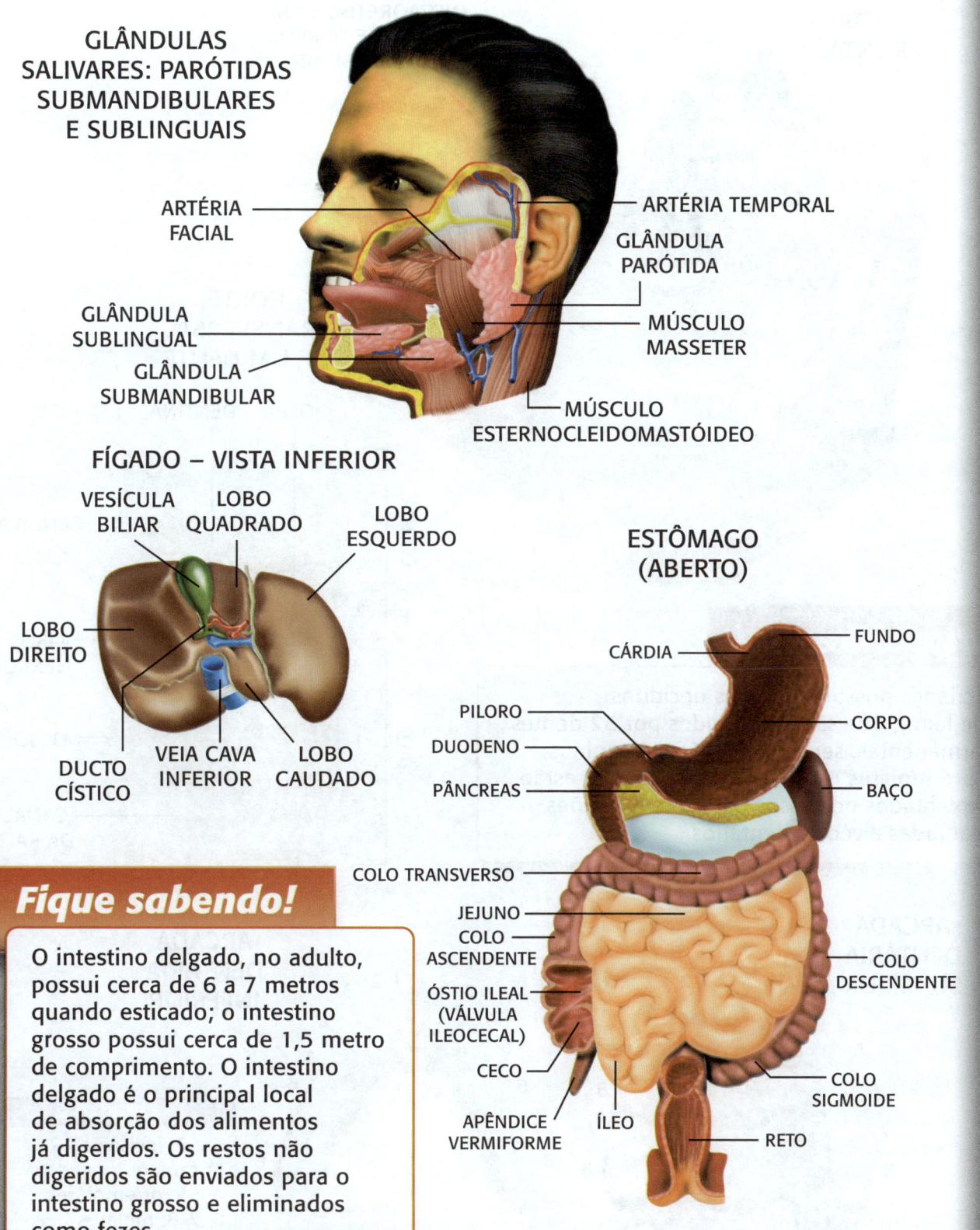

Fique sabendo!

O intestino delgado, no adulto, possui cerca de 6 a 7 metros quando esticado; o intestino grosso possui cerca de 1,5 metro de comprimento. O intestino delgado é o principal local de absorção dos alimentos já digeridos. Os restos não digeridos são enviados para o intestino grosso e eliminados como fezes.

SISTEMA DIGESTÓRIO

DENTES

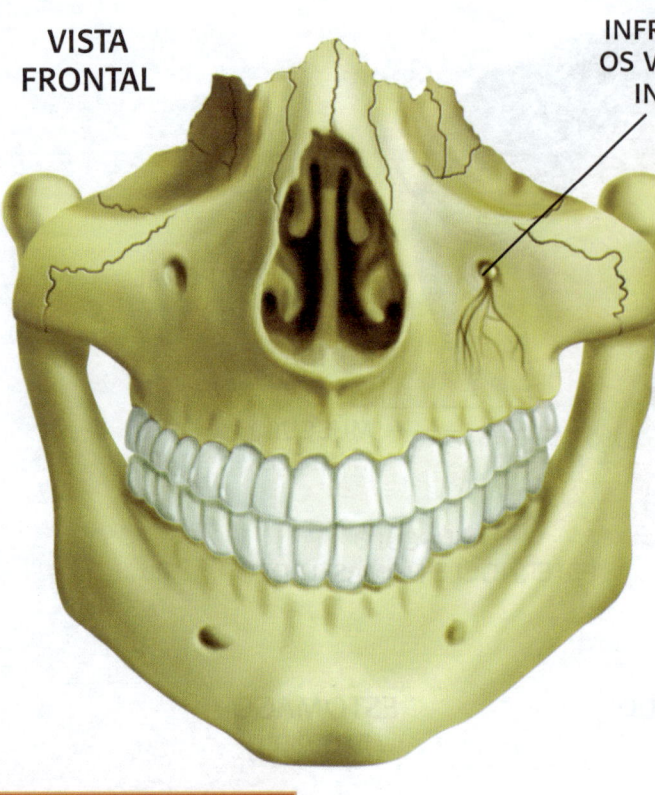

Fique sabendo!

A criança possui 20 dentes decíduos (de leite), que são substituídos por 32 dentes permanentes, sendo 8 incisivos, 4 caninos, 8 pré-molares e 12 molares. Os dentes estão implantados nos ossos da face em regiões chamadas alvéolos dentários.

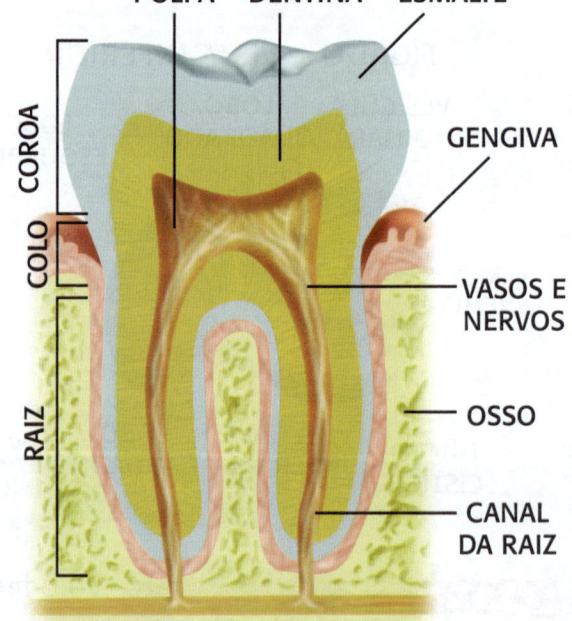

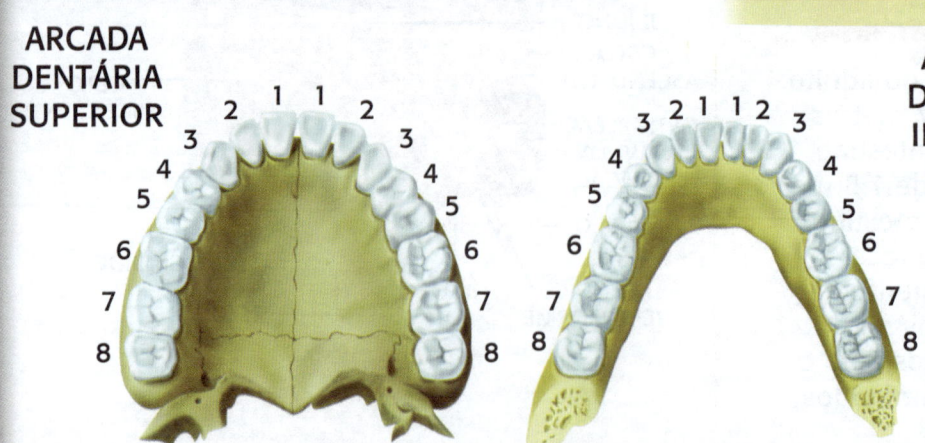

LEGENDA
1 e 2: incisivos
3: canino
4 e 5: pré-molares
6, 7, 8: molares

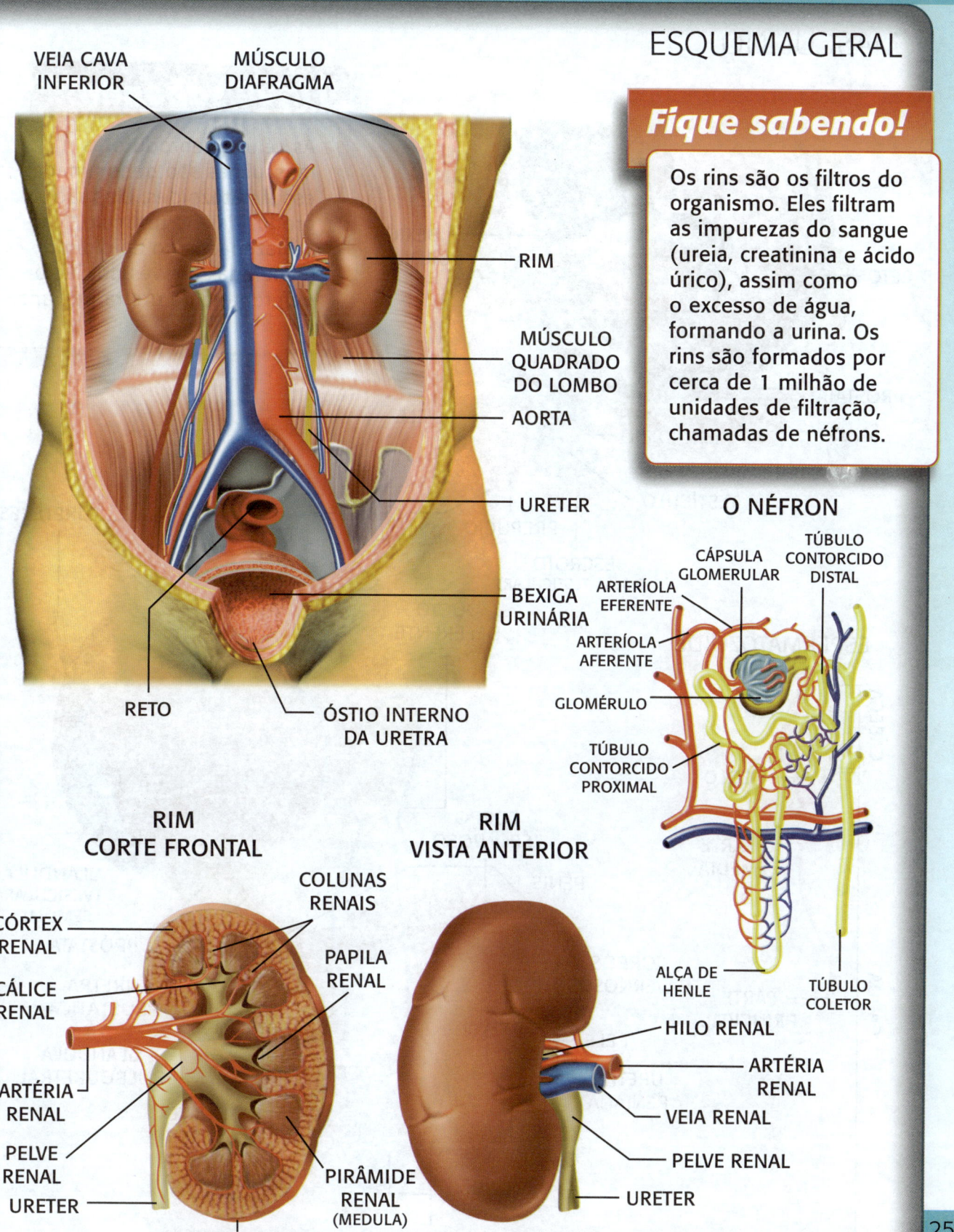

SISTEMA GENITAL

MASCULINO

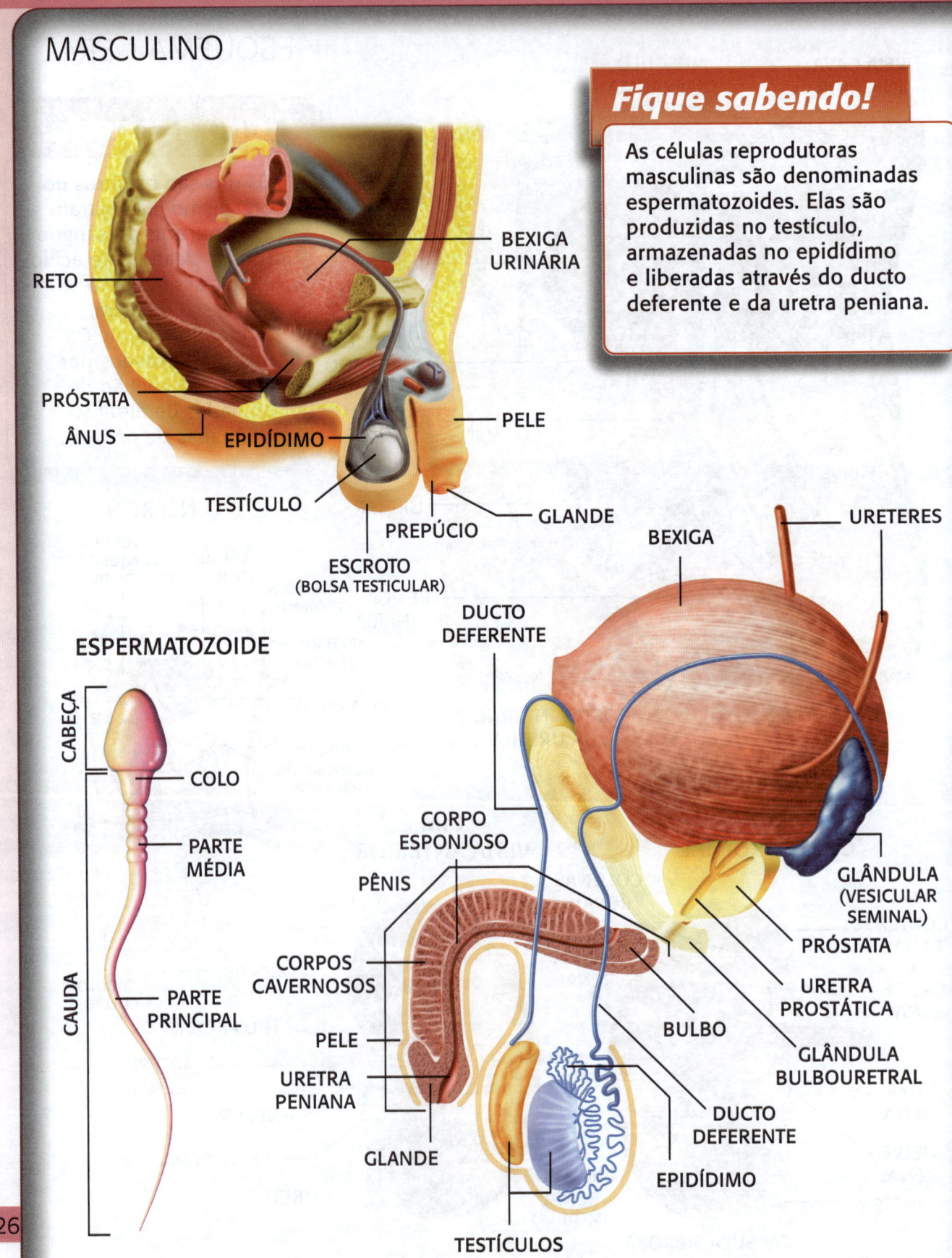

Fique sabendo!

As células reprodutoras masculinas são denominadas espermatozoides. Elas são produzidas no testículo, armazenadas no epidídimo e liberadas através do ducto deferente e da uretra peniana.

SISTEMA GENITAL

FEMININO

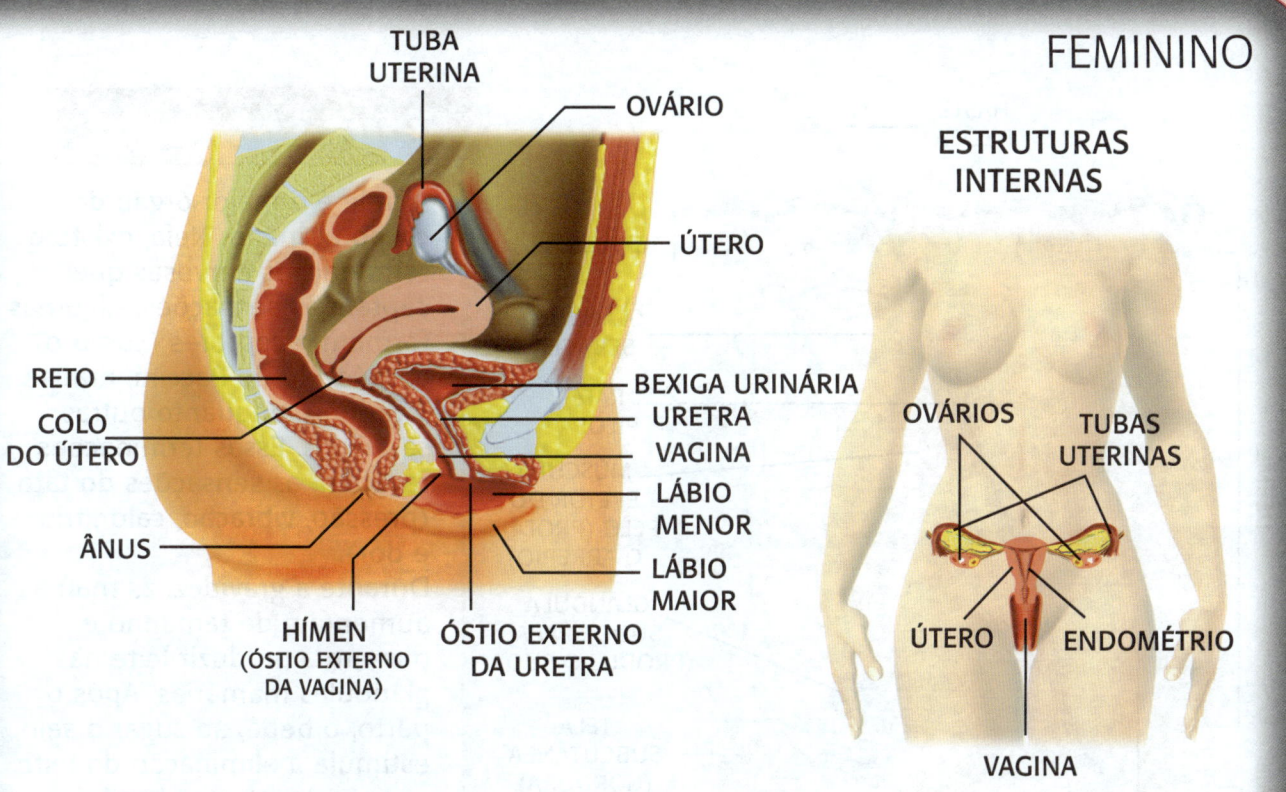

ESTRUTURAS INTERNAS

ESTRUTURAS EXTERNAS

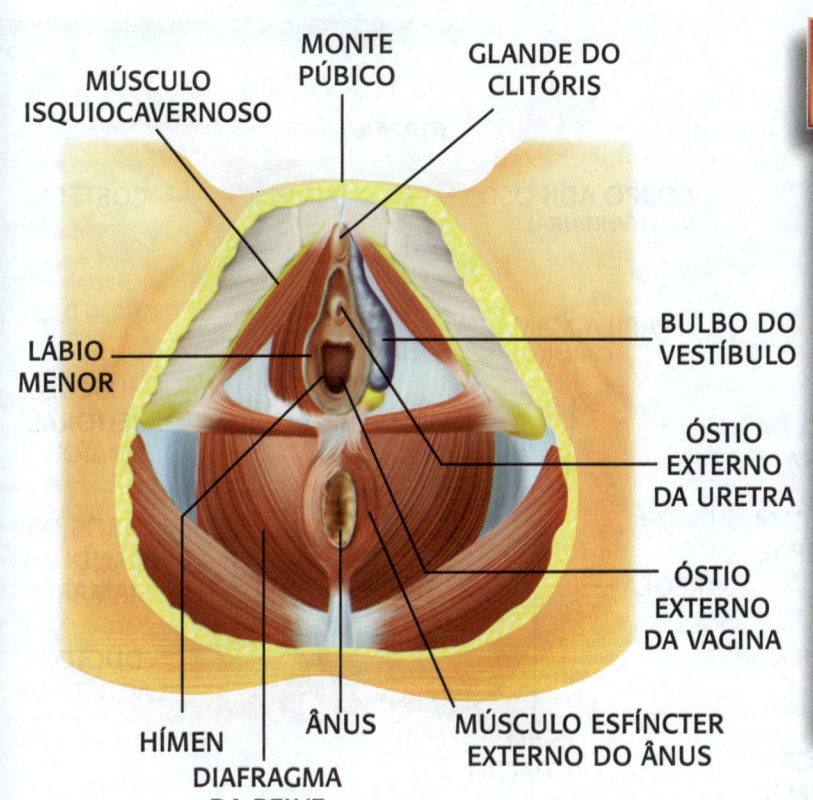

Fique sabendo!

As células reprodutoras femininas são denominadas óvulos e são produzidas nos ovários. A partir da primeira menstruação, a menina passa a eliminar um óvulo por mês, a chamada ovulação. Então, ela será capaz de gerar filhos. Quando não ocorre a fecundação, o óvulo é eliminado juntamente com a camada interna do útero (endométrio), que estava preparado para receber um novo ser. Esse fenômeno é chamado de menstruação.

PELE E ANEXOS

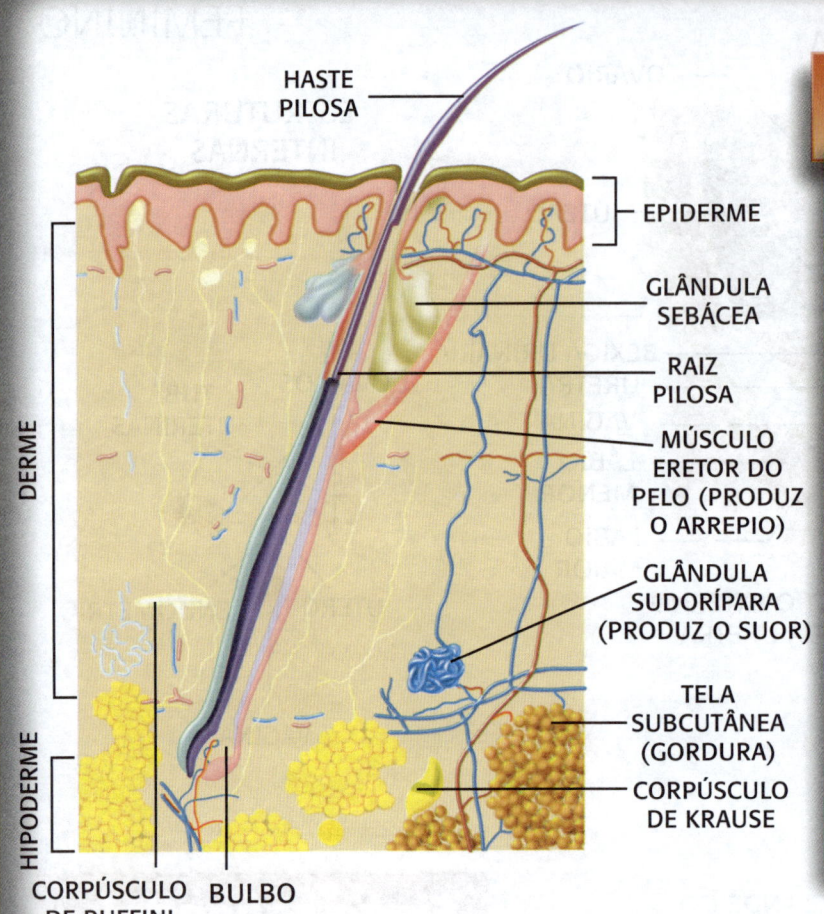

Fique sabendo!

A pele é o maior órgão do corpo humano. Nela, existem terminações nervosas que captam as sensações. Algumas formam receptores (como o corpúsculo de Paccini, Krause e Ruffini), enquanto outras são livres. Essas terminações recebem as sensações do tato (pressão, vibração, calor, frio e dor).

Durante a gravidez, as mamas aumentam de tamanho e passam a produzir leite nas glândulas mamárias. Após o parto, o bebê, ao sugar o seio, estimula a eliminação do leite através dos ductos lactíferos, seios lactíferos e do mamilo.

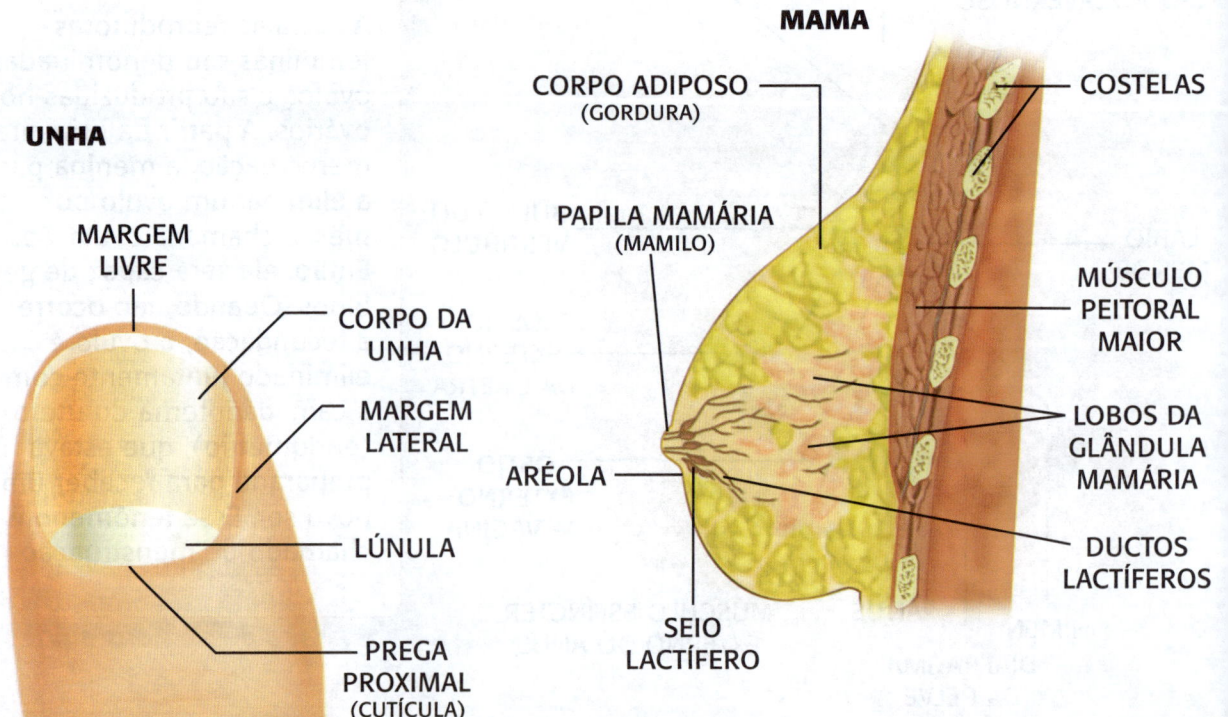

GLÂNDULAS ENDÓCRINAS

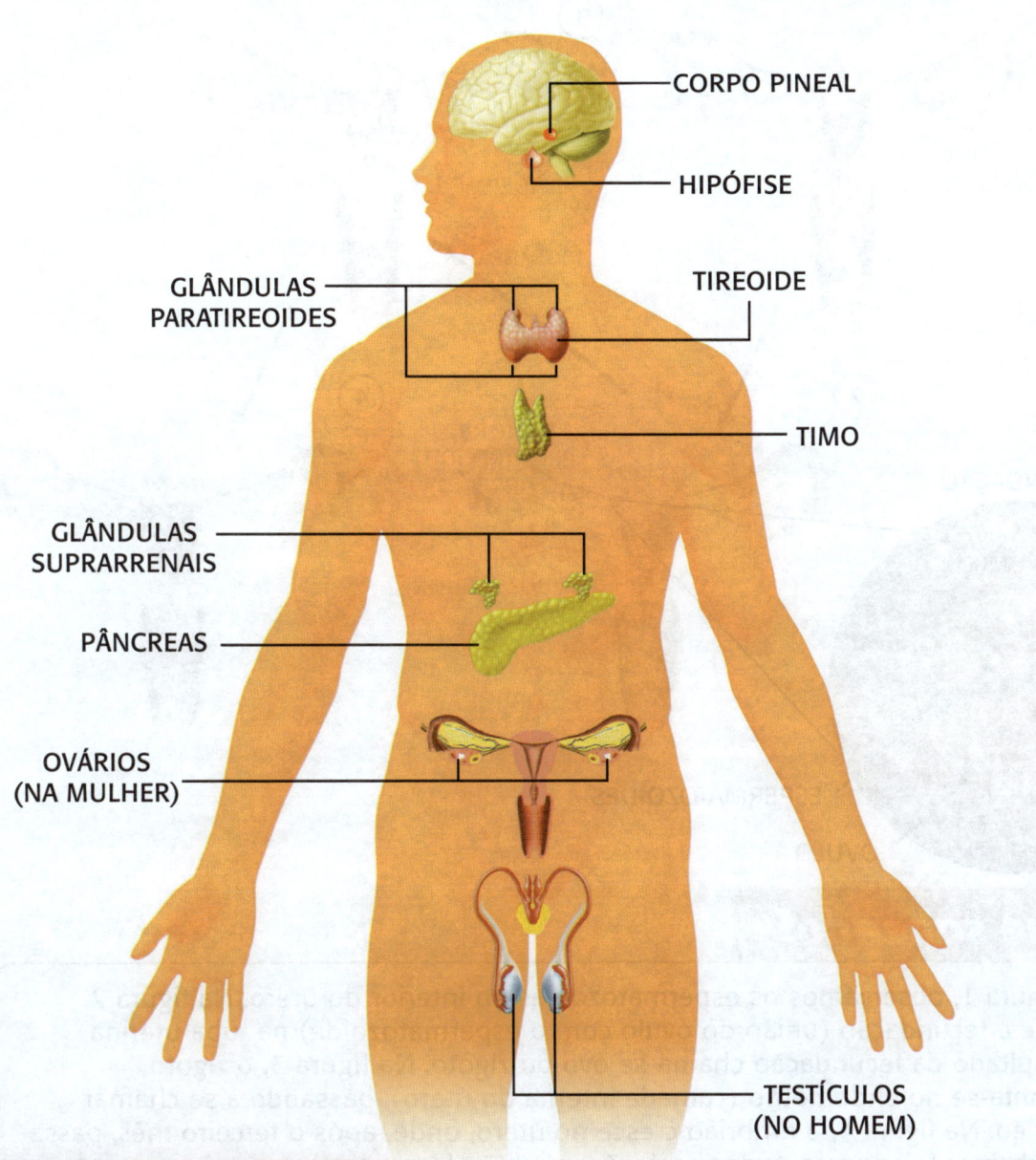

Fique sabendo!

A maior glândula do corpo humano é o fígado. Ele pesa cerca de 1,5 quilo. O pâncreas produz a insulina, um hormônio que controla a taxa de glicose (açúcar) no sangue. O excesso de glicose no sangue é denominado *diabetes mellitus* e pode provocar diversos danos ao organismo. A hipófise é uma glândula do tamanho de uma ervilha, situada no meio do crânio, que possui a função de controlar as outras glândulas endócrinas, como a tireoide, as suprarrenais, os ovários e os testículos. A hipófise é a principal responsável pelo crescimento do nosso corpo, por meio do hormônio do crescimento. A falta desse hormônio provoca uma doença chamada nanismo.

GRAVIDEZ

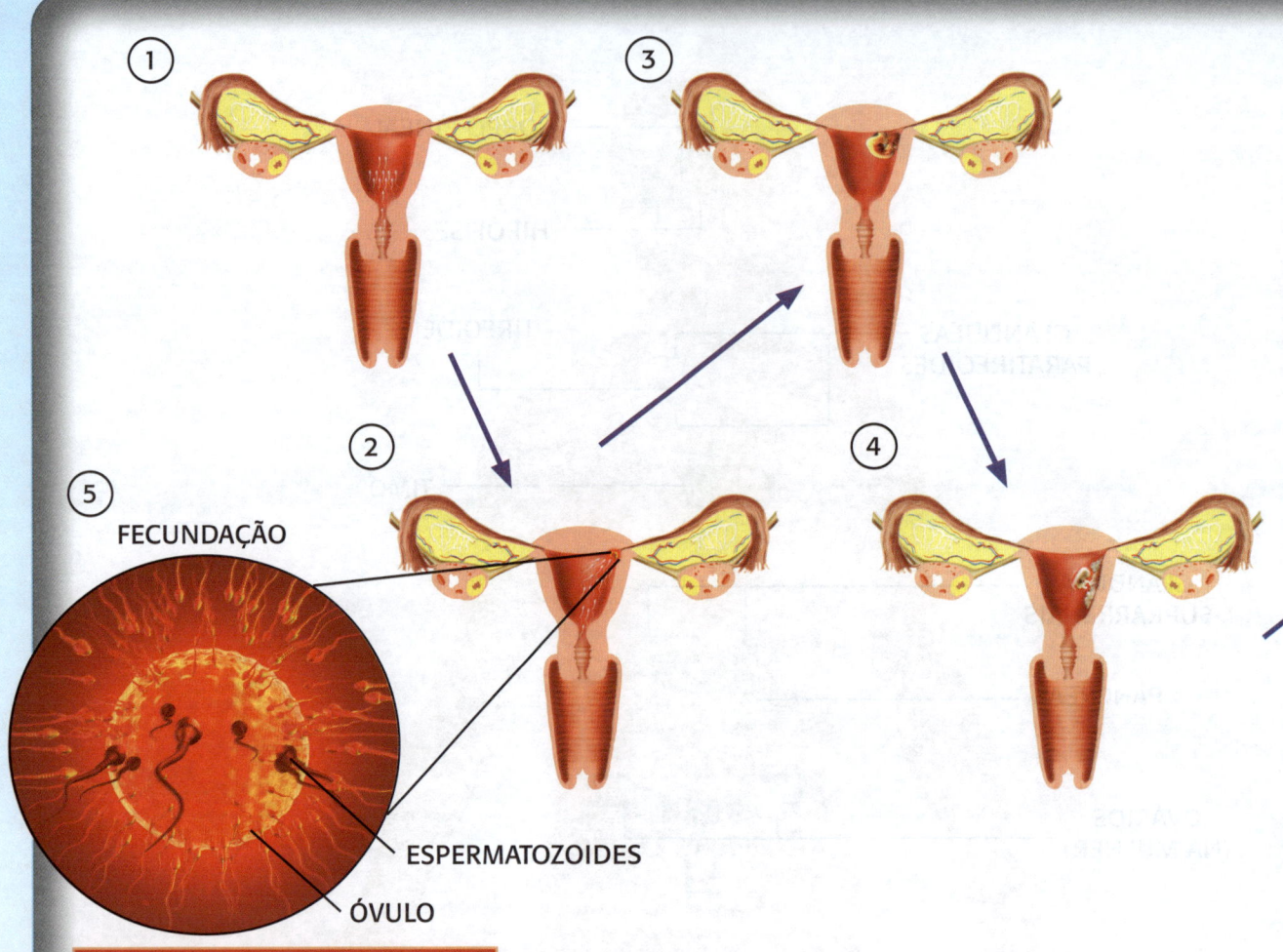

Fique sabendo!

Na figura 1, observamos os espermatozoides no interior do útero. Na figura 2, ocorre a fecundação (união do óvulo com o espermatozoide) na tuba uterina. O resultado da fecundação chama-se ovo ou zigoto. Na figura 3, o zigoto implanta-se no endométrio (camada interna do útero), passando a se chamar embrião. Na figura 4, o embrião cresce no útero, onde, após o terceiro mês, passa a se chamar feto; neste, todos os órgãos já estão formados e passarão somente a crescer e amadurecer. O feto obtém o alimento e o oxigênio da mãe através da placenta e do cordão umbilical que o une à mãe. No nono mês de gestação, o feto, já maduro, é expulso por meio das contrações uterinas que ocorrem durante o trabalho de parto.

Você sabia?
Os gêmeos univitelinos ou idênticos são formados pela união de um espermatozoide com um óvulo, havendo posteriormente a divisão do zigoto em dois indivíduos. Os gêmeos bivitelinos ou fraternos resultam da união de dois óvulos com dois espermatozoides. Os gêmeos univitelinos são sempre do mesmo sexo, enquanto os gêmeos fraternos podem ser de sexos diferentes.

GRAVIDEZ

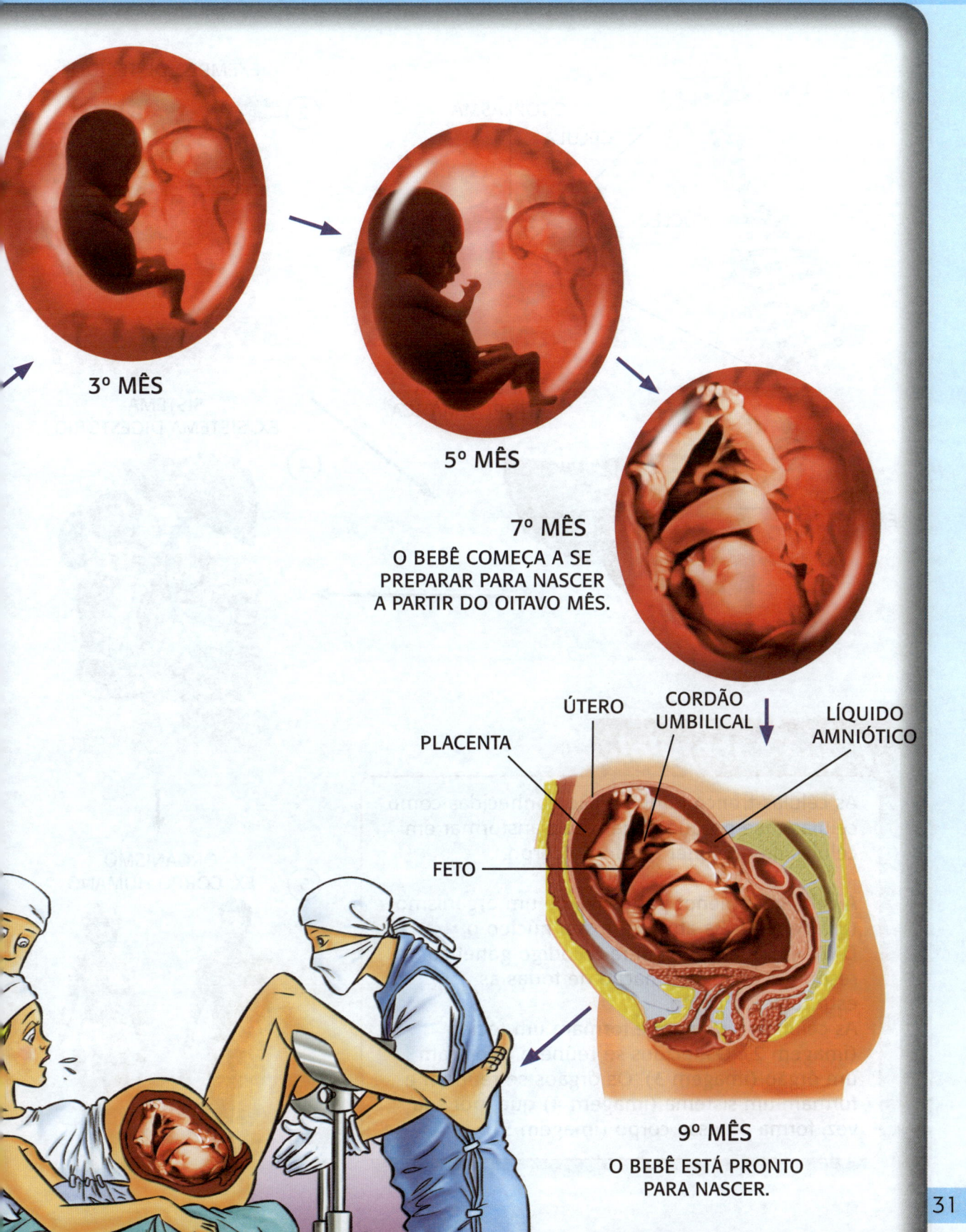

3º MÊS

5º MÊS

7º MÊS
O BEBÊ COMEÇA A SE PREPARAR PARA NASCER A PARTIR DO OITAVO MÊS.

PLACENTA — ÚTERO — CORDÃO UMBILICAL — LÍQUIDO AMNIÓTICO

FETO

9º MÊS
O BEBÊ ESTÁ PRONTO PARA NASCER.

CÉLULAS E TECIDOS

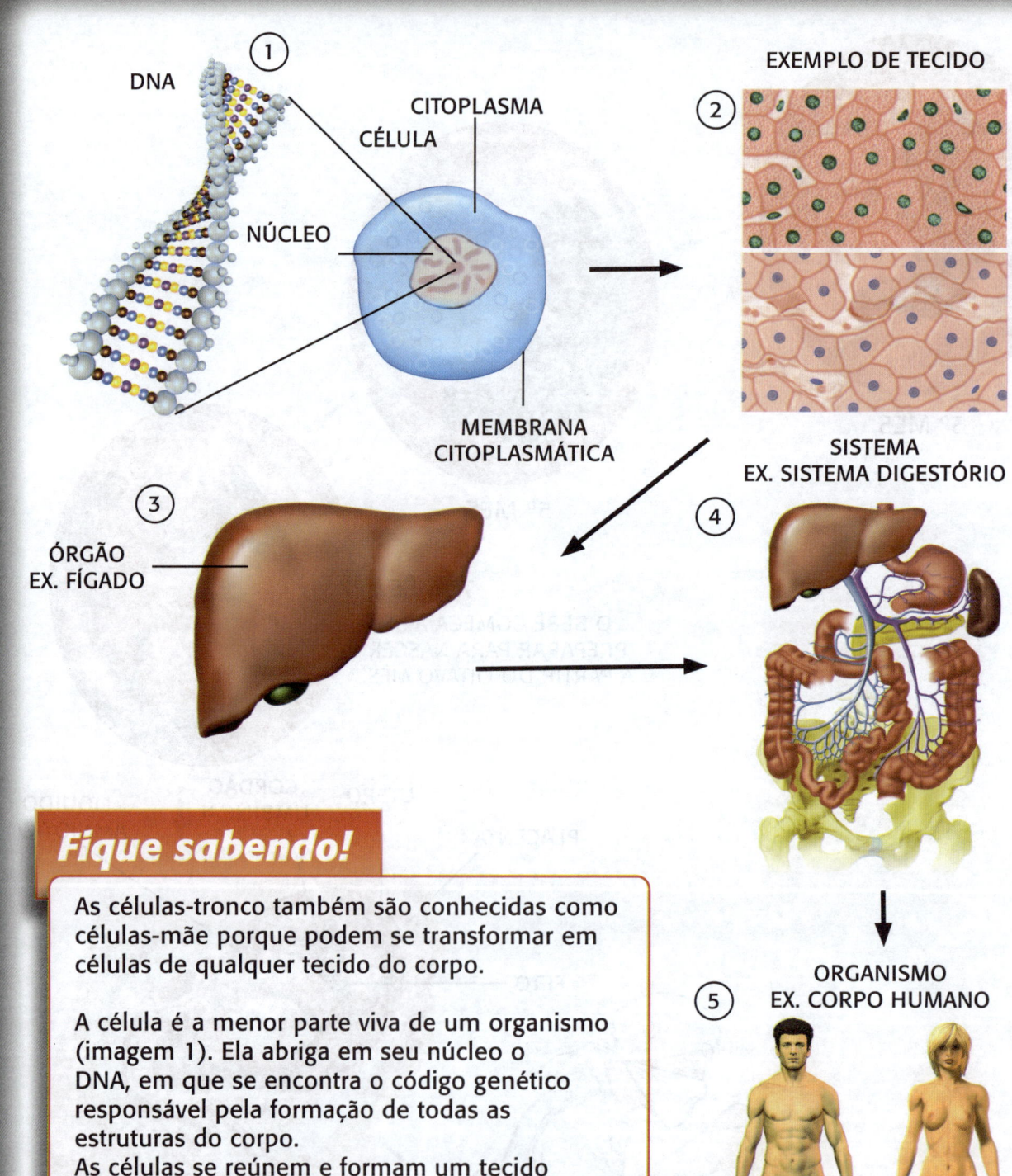

Fique sabendo!

As células-tronco também são conhecidas como células-mãe porque podem se transformar em células de qualquer tecido do corpo.

A célula é a menor parte viva de um organismo (imagem 1). Ela abriga em seu núcleo o DNA, em que se encontra o código genético responsável pela formação de todas as estruturas do corpo.
As células se reúnem e formam um tecido (imagem 2). Os tecidos se reúnem e formam um órgão (imagem 3). Os órgãos se reúnem e formam um sistema (imagem 4) que, por sua vez, forma o nosso corpo (imagem 5).